TOTS ESTIMEM L'EM

Tots estimem L'EMMA

Àngel Burgas

LLUNA ROJA

Primera edició: agost del 2018

Disseny de la coberta: MBC
Imatges de la coberta:
© BestPhotoStudio/Shutterstock.com / © Bill Chizek/Shutterstock.com
Maquetació de l'interior: La Galera
Fotografia de l'autor: Antònia Gàzquez

Edició: David Monserrat
Direcció editorial: Iolanda Batallé Prats

Casa Catedral ®
Josep Pla, 95. 08019 Barcelona
www.lagaleraeditorial.com lagalera@grec.cat
facebook.com/editoriallagalera twitter.com/editorialgalera

Imprès a Liberdúplex

DIPÒSIT LEGAL: B-9.989-2018
IMPRÈS A LA UE
ISBN: 978-84-246-6325-4

Per a en Roc Burgas Jiménez,
que avui té l'edat que tenia l'Emma en començar
la nova vida, i a qui tots ens estimem molt.

Nàpols no hauria sigut el mateix Nàpols
sense l'Ignasi, la Carmeta i en Xavi al meu costat.

LA FOTO DE L'EMMA

1

Tot va començar amb una trucada.

Podien haver trucat a una altra persona, a qualsevol de nosaltres. Però li van trucar a ella.

L'Emma va rebre la trucada dilluns a la tarda.

Els de la colla ens havíem trobat dissabte al vespre. Era l'aniversari d'en Víctor i ho vam celebrar a casa seva. Els seus pares eren fora i li havien donat permís per organitzar un sopar. Vermut, pica-pica, amanides, pizzes i pastís. Hi vam ser tots. L'amfitrió va fer un munt de fotos amb el seu mòbil: l'arribada dels convidats, la feina a la cuina, fotos a taula, fotos del brindis, fotos que va fer algú altre amb el seu mòbil mentre ell obria els regals. Fotos del pastís amb les espelmes i fotos més esbojarrades de l'estona que vam ballar al menjador. Després vam sortir de marxa tots junts. L'Ona, la Susanna i en Jordi es van retirar força d'hora. En Víctor estava eufòric perquè havia conegut una noia i ballaven com posseïts. Quan la resta vam marxar, ells dos es van quedar fent el boig al mig de la pista.

Va ser diumenge després de dinar quan en Víctor em va trucar per dir-me que havia perdut el mòbil. Em va explicar que amb la noia que havia conegut hi va haver bon rotllo, però que ella no va voler anar més lluny. Van decidir fer-se una selfie quan van sortir de Les Enfants, i aleshores es va adonar que no tenia el telèfon. Van tornar a entrar i la noia el va ajudar a buscar-lo. Un cambrer li va assegurar que no patís, que donarien l'alerta a les dones de la neteja i que, si el trobaven, l'avisarien. En Víctor va deixar el número de telèfon de casa seva i el del mòbil de la seva mare, i va advertir que, de tota manera, ell tornaria a passar pel local el primer dia que obrissin, que seria dimecres.

Igual que em va trucar a mi, en Víctor va trucar a altres col·legues. Ens va dir que havia estat buscant el mòbil per casa, però que estava convençut que havia fet fotos just abans d'entrar a la discoteca.

I dilluns algú va trucar a l'Emma des del mòbil d'en Víctor. Tot i que «Víctor» apareixia a la pantalla del seu telèfon, la veu que va parlar amb l'Emma no pertanyia al nostre company de colla.

Un cop em va passar el mateix: vaig rebre una trucada de l'Ona. Quan em va sonar el telèfon, va aparèixer el seu nom a la pantalla. Però la veu que em va parlar quan vaig respondre no era de l'Ona, sinó la d'un home que parlava en castellà i que em va dir que era cambrer d'un restaurant, i que s'havia trobat aquell mòbil quan desparava una de les taules, i em va preguntar si jo coneixia el propietari de l'aparell, que de ben segur l'havia perdut mentre sopava. Li vaig dir que sí, que jo era un amic de l'Ona, i que ella era la propietària del mòbil.

—Entonces le pido que se ponga en contacto con ella y que le diga que el teléfono está en el restaurante. Hoy cerramos en media hora, pero mañana abrimos a las doce y media. Que pregunte por Jose.

La història va acabar bé, sense complicacions ni ensurts. Vaig trucar a la germana de l'Ona i li vaig explicar el cas. Quan l'Ona va arribar a casa, desesperada perquè havia perdut el mòbil ves a saber on, la seva germana la va tranquil·litzar. Li va dir que havia trucat jo; que el cambrer s'havia posat en contacte amb mi a través del mateix telèfon perdut, i que l'endemà el podria recuperar al mateix restaurant. L'Ona hi va anar, va preguntar per en Jose i li van tornar el mòbil. Van ser molt amables.

Per què em van trucar a mi entre tots els contactes del directori de l'Ona? Hi ha dues explicacions possibles: em dic Abel, i acostumo a ser el primer de la llista de contactes dels meus amics i familiars; i, d'altra banda, jo vaig fer la darrera trucada a l'Ona abans que perdés el telèfon al restaurant. En Jose, per tant, podia haver-me trucat per un d'aquests dos motius. M'hi jugaria el coll que també figuro com a primer de la llista en el directori de contactes d'en Víctor, l'amic que havia perdut el mòbil feia dos dies i des del qual es va fer la trucada que havia de canviar tantes coses en les nostres vides. El meu nom conté les dues primeres lletres de l'abecedari, primer la A i després la B, i és per això que gairebé sempre soc el primer de la llista en tot. Em supera el nòvio de la meva cosina, que es diu Aaron, dues A seguides.

*

L'Emma i el desconegut es van citar en un lloc públic, la terrassa d'una cafeteria. Nosaltres no vam saber que s'havien vist fins uns quants dies després, quan ella l'hi va explicar a l'Ona. I l'Ona, a contracor, li va assegurar que li guardaria el secret i que no ho revelaria a ningú. Va trencar la promesa quan el ritme dels esdeveniments la va amoïnar i no es va veure capaç de mantenir la paraula de silenci que havia donat a la seva amiga de l'ànima. Va ser aleshores quan ens va demanar a en Víctor, a en Jordi i a mi si ens podíem reunir per posar-nos al corrent d'una situació que la neguitejava. Havien transcorregut, doncs, cinc o sis dies des de la cita de l'Emma amb el desconegut, i en aquell moment tots vam témer que potser ja fèiem tard. En Víctor va recriminar a l'Ona que hagués esperat tant a dir-nos-ho, i més quan la baula inicial de la cadena dels fets havia sigut la pèrdua del mòbil el dia del seu aniversari.

—Ella em va demanar que no ho digués a ningú —va al·legar l'Ona—, i jo no tenia cap dret a trair la meva amiga.

—Ara ho has fet...

—Sí, però perquè tot ha canviat i ja no estic segura de poder ajudar-la si callo.

—Què et va explicar, exactament? —va preguntar en Jordi.

L'home estava assegut en una de les taules de la terrassa del bar, i va alçar el braç per saludar-la quan l'Emma s'hi acostava. Ella no sabia qui era ell, però ell sí que la va reconèixer. «Per les fotos, és clar», va afegir l'Ona. El desconegut tenia una edat indefinida, entre els quaranta-cinc i els cinquanta-cinc. Ni el seu aspecte físic ni la manera de vestir cridaven l'atenció. Més aviat prim, amb entrades pronunciades al front però encara amb cabells tirant a negres amb blens grisos; duia unes ulleres modernes, amb la muntura blau fosc, i vestia una camisa blanca, i al damunt s'havia posat una caçadora del mateix blau que les ulleres, una caçadora normal i corrent, de les que porten molts homes cada dia. L'Emma no li va veure bé les cames fins més endavant, quan van marxar del bar i ell la va acompanyar fins a la boca del metro, i aleshores es va adonar que duia texans blaus marins i sabates negres de cordons. Cap tret distintiu ni en l'aparença ni en el vestuari. La va convidar a seure amb un gest del braç, i abans que ella ho fes, l'home li va allargar la mà per encaixar-la a manera de salutació. «Soc en Pau Llòria. Encantat de coneixe't», va dir. Aquella mateixa tarda, quan va ser a casa, l'Emma havia buscat quants Pau Llòria hi havia a Facebook i Instagram, i no en va trobar cap ni un amb la seva cara. «Vull dir que potser el nom se'l va inventar», li havia comentat a l'Ona uns dies després.

Primer de tot li va repetir la història de com el mòbil d'en Víctor havia arribat a les seves mans. Sembla que el seu fill se l'havia trobat als lavabos de la discoteca. Era tard, a punt de tancar, i el jove no estava sol, sinó amb un amic, i un per l'altre havien discutit si donar-lo a un cambrer o quedar-se'l, si més no una estona, per tafanejar-ne el contingut. «Són nanos», l'havia justificat el desconegut, «i devien estar més contents i eufòrics de l'habitual». El cas és que el van desbloquejar.

—Com dimonis ho devien fer? —es preguntava en Víctor—. Fa temps que havia d'haver canviat el patró. Era massa senzill, hòstia!

Els nanos, primer al lavabo mateix i després en un racó del local, van estar mirant els contactes, les fotos i els whatsapps. Després, el fill del desconegut es va posar el mòbil a la butxaca. «L'endemà, quan me'l va mostrar», va explicar l'home a l'Emma, «li vaig preguntar per què no l'havien deixat al cambrer, o al porter, o a l'encarregat de la discoteca. El meu fill no em va poder respondre. Que se l'havia posat a la butxaca i que se n'havia oblidat del tot. Una criaturada com qualsevol altra».

—La qüestió —va reconduir la història l'Ona— és que el nano va comentar la troballa del mòbil al seu pare, li va demostrar la facilitat amb què es podia desbloquejar, i la possibilitat de buscar entre els contactes per trobar algú a qui trucar per tornar el telèfon. I es veu que van mirar les fotos, especialment les últimes, les del sopar de la teva festa, Víctor, i allà va ser quan l'home va reconèixer una de les convidades. L'Emma.

—La coneixia? —vaig preguntar jo, encuriosit.

—La va reconèixer. Va saber qui era. —L'Ona va fer una pausa, i després va deixar anar la notícia bomba:— L'home va assegurar que era la filla del seu germà.

—El desconegut era el germà del pare de l'Emma?

Tant en Víctor com en Jordi com jo mateix ens vam quedar al·lucinats amb la revelació. Quina coincidència més bèstia, vaig pensar. Un tio troba un mòbil, i resulta que és d'algú que coneix la seva neboda, perquè surt en algunes fotos. En Jordi es va posar a riure.

—Quina casualitat! —va exclamar—. El món és un mocador!

L'Ona va comprovar que la nostra reacció no era la mateixa que va tenir ella el dia que l'Emma li va parlar d'aquella entrevista.

—El pare de l'Emma no té cap germà. Bé, en tenia

un, el que va morir de sida. I la mare de l'Emma és filla única.

Quan vam sentir això, desconcertats però no preocupats encara, l'Ona ens observava amb una ganyota de superioritat.

—Què vols dir? —va preguntar en Víctor, convençut que hi havia alguna cosa que se li escapava.

—Que aquest home no podia ser el seu oncle, perquè l'Emma no en té, d'oncles.

—El tio s'havia confós, doncs —vaig dir.

L'Ona es va encongir d'espatlles.

—Això va pensar l'Emma. I això vaig pensar jo. Però no és així: l'home va mentir.

—La va enganyar? El tio sabia del cert que no era el seu oncle?

—Exacte —va reconèixer l'Ona—. El desconegut la va voler enredar.

Allò era greu. Tots tres vam voler saber què havia passat després i quina va ser la reacció de l'Emma abans de desfer-se del mentider. Se m'acudien moltes preguntes, i la primera de totes era amb quina intenció l'home del mòbil havia volgut enganyar l'Emma.

—S'ha d'anar molt amb compte amb pervertits com aquest —va dir en Jordi, com si m'hagués llegit el pensament—. Sovint, sota personalitats anodines, s'amaguen autèntics psicòpates. Què va fer l'Emma? Com se'l va treure de sobre?

—L'Emma, a la cafeteria, li va aclarir que era impossible. Que ella no tenia oncles i que, per tant, es confonia. Va agafar el teu mòbil —es va dirigir a en Víctor—, i se'n va anar. Va venir a casa a portar-me el telèfon i em va fer prometre que jo te'l tornaria i que no us explicaria aquesta història tan estranya.

Em vaig quedar preocupat de debò. Un desconegut intentant enganyar l'Emma amb una estratègia tan rebuscada? Em va semblar perillós.

—Trucaré a l'Emma. No s'ho deu estar passant bé.

—No, no ho facis! —em va suplicar l'Ona—. Ella no sap que jo us ho he dit! Li vaig prometre que mantindria el seu secret!

Jo me l'estimo, l'Emma. Com a amiga, sí, però també me l'estimo una mica més enllà. Què se suposava que havia de fer? Passar d'ajudar-la quan sabia que un tio misteriós havia entrat en la seva vida i li havia explicat mentides? I amb quina intenció ho havia fet, el molt cabronàs?

2

Vaig sentir arribar el meu fill. Devia fer una bona estona que dormia. Vaig prémer el botonet que il·lumina el despertador i vaig veure que eren més de les sis de la matinada. Ja no em costa dormir quan ell és fora. Aquelles èpoques en què no aconseguia aclucar l'ull fins que no el sentia arribar han quedat enrere. També han passat les matinades en les quals em desvetllava quan arribava i no se m'acudia altra cosa que sortir de l'habitació per escridassar-lo procurant no fer gaire enrenou. «Quines hores són aquestes d'arribar? D'on vens, si es pot saber, tros de bandarra? Amb qui dimonis has estat tota la nit? Si vius aquí has de seguir unes normes; això no és Can Pixa, nano, i si no t'agrada com funciona te'n vas i no tornes; a veure com t'ho muntes sense que jo et doni cap euro, desgraciat.»

De res havien servit les discussions. En tot cas, qui havia canviat era jo, que m'havia convertit en un pare que passava de tot, com n'hi deu haver tants, mentre ell, el pocavergonya, no havia variat la seva actitud ni els seus hàbits. Les meves queixes s'havien transformat en silencis («sempre estàs callat, papa. Sempre fots cara d'amoïnat») i la meva rendició en la seva victòria. Una victòria que no comprenia i de la qual es queixava: no era normal que jo no presentés intencions de batallar, que no hi posés resistència. Però, al cap i a la fi, era la seva victòria.

L'endemà, quan ja havia dinat i ell tot just es llevava, em va explicar que havia trobat un mòbil, i em va preguntar què en faria, jo, del telèfon. Li vaig demanar si se l'havia trobat al carrer i ell va dir que no, que se'l va trobar al lavabo d'una discoteca.

—És d'un tio jove. Amb l'aplicació de la llanterna del mòbil del Xavi vam descobrir les ditades del tio damunt la pantalla i vam saber el patró. El vam desbloquejar de seguida! Hi té un munt de fotos. Hauria de trucar a un dels seus contactes i dir-li que tinc el mòbil, no et sembla? Això és el que faria una persona assenyada, no? És el que faries tu, m'equivoco?

—Tu no ets una persona assenyada.

—Ves a la merda, papa.

Va deixar el mòbil damunt de la taula, despreocupat. Tots dos ens havíem acostumat a no discutir. Havíem desistit a enfrontar-nos per qualsevol tema, fos important o no.

Vaig abandonar la lectura del diari per donar un cop d'ull a les fotos del telèfon. Les darreres mostraven una festa juvenil. No hi vaig detectar la presència de cap adult. És que tot els joves del país eren com el meu fill? Tots vivien en un món exclusivament de joves, fent i desfent allò que els passava pels nassos, sense la necessitat de compartir les seves vivències amb gent més gran? La decoració de la casa on havia tingut lloc la festa no era la d'un pis d'estudiants, sinó la d'una família benestant. Possiblement la dels seus pares. Un altre aprofitat, vaig pensar, i se'm va escapar un sorollet amb la llengua contra el paladar. Una altra joia de la corona.

I tot d'una, a la tercera o quarta fotografia, vas aparèixer tu. Tan inesperada, però tan oportuna.

Et vaig reconèixer de seguida. Havies canviat, però potser no tant com esperava. L'última vegada que t'havia vist devies tenir sis anys, i ara en devies tenir divuit. Una dona. Se t'havia allargat el rostre i aquells ulls tan rodons s'havien ametllat deliciosament. El cabell arrissat ara era llis, del mateix color de sempre, un torrat cafè preciós. M'havia apropat molt el mòbil als ulls i el cor em bategava a cent per hora. Vaig anar passant les fotos i en cada nova imatge corroborava que no m'equivocava, que eres tu. Els teus gestos d'abans, la teva actitud, el teu deixar-te anar quan reies, tan transparent. Vaig anar al directori de contactes, però no hi havia ningú amb el teu nom o cognom, el nostre o el del pintor. Sempre havia tingut l'esperança que no te'l canviessis, el nom. M'havia fet il·lusions que l'hauries mantingut com a homenatge al passat que havíem compartit. Jo mateix m'havia dit mil vegades que allò era impossible, i ara veia que no m'equivocava. Si apareixies a les fotos de la festa, l'homenatjat t'havia de tenir per força en la seva llista de contactes. I segurament t'hi tenia, és clar, amb un nom o un cognom que jo desconeixia.

Vaig anar al despatx on tenia l'ordinador engegat. L'esperança era que algun dels teus amics t'hagués etiquetat a Facebook, per exemple. Això ho feu sempre, els joves. Algun dels assistents a la festa hauria fet també fotos amb el seu propi mòbil, i potser les hauria penjat a Facebook, o estaria a punt de fer-ho.

Vaig armar-me de paciència. Era diumenge a la tarda i no tenia res a fer. I si ho hagués tingut, de ben segur que no hauria sigut tan important. L'amo del mòbil tenia molts contactes. Després de descartar els més evidents (mama, tieta, Ramon del gimnàs, Lluís entrenador futbol sala, entre molts d'altres) vaig anotar en un full els que tenien nom i cognom, i en un altre els que només tenien nom. Aquests darrers eren els més íntims, això estava clar, els que segur que havien assistit a la festa, però no em permetien fer la recerca a Facebook. Hauria de començar pels de nom i cognom, i a través d'aquests i els seus contactes, accedir als altres.

M'hi vaig dedicar en cos i ànima durant tres hores seguides. Estava obsessionat i disposat a esbrinar de seguida alguna pista que m'acostés a tu. El meu fill va treure el cap al despatx per dir-me que se n'anava a donar un tomb amb no sé qui. Vaig fer un gest amb la barbeta sense apartar els ulls de la pantalla.

—Què hi fa el mòbil damunt de la taula? —em va demanar.

—Ja t'he solucionat el problema —vaig anunciar, mirant-lo fixament per damunt de les ulleres—. Com sempre —vaig afegir.

Ell es va quedar expectant, però inexpressiu.

—Què has fet?

—He trucat a la seva mare. Posava «mama» en un dels contactes. Així de fàcil.

—L'hi tornaràs?

—A tu què et sembla?

Ell no va contestar ni va dir adeu.

Eren les nou del vespre quan vaig arribar on pretenia. Anant d'un perfil a un altre de Facebook i fent una recerca exhaustiva dels amics dels amics, finalment vaig arribar a una tal Ona Llovet, de Barcelona, que havia penjat feia tres hores un post amb quatre fotos de la festa de l'amfitrió, un tal Víctor Ginebreda, també de Barcelona. Una de les fotos de l'Ona Llovet estava etiquetada. Hi apareixien sis persones, i una d'elles eres tu, Alba. L'amo del mòbil seia a la taula, davant d'un pastís casolà damunt del qual hi havia dues espelmes enceses, una amb forma d'u i l'altra amb forma de nou. Darrere de l'anomenat Víctor hi havia les altres cinc persones. Estaven contentes. Una de les noies acostava la seva cara a la d'en Víctor, a punt d'estampar-li un petó. Ell ja posava les galtes inflades a punt de bufar. Tu estaves etiquetada com a Emma. Emma Bernal.

No du el cognom del pintor, vaig pensar; potser és el de la seva dona.

Primer de tot vaig comprovar que Emma Bernal fos al directori de contactes del telèfon. I hi eres. Només el nom, «Emma». Eres una de les íntimes d'en Víctor. Potser ets la seva xicota.

Després vaig anar al perfil de Facebook de l'Emma Bernal, però el tenies restringit. Només vaig poder accedir a les cinc fotos que, en el decurs d'un any i mig, t'havies posat com a fotografia de perfil. En una estaves amb un noi, un dels que, com vaig comprovar, apareixia a les últimes fotos del mòbil extraviat. Una altra era un fragment del cartell de promoció de la pel·lícula *The Wolf of Wall Street* d'Scorsese. Les altres tres eren paisatges, un d'urbà i dos de marítims, que no vaig saber identificar. Alguns dels teus contactes havien reaccionat a les fotos, la majoria amb emoticones indicant que els agradava la imatge.

Sense ni tan sols encendre el llum del menjador, vaig posar un cd d'en Tom Waits. Un dels vells, dels enregistrats amb el segell Asylum durant la dècada dels setanta. Vaig quedar-me una bona estona amb els ulls tancats en la foscor, sentint aquell blues desesperat mentre pensava què et diria quan et truqués, ara que tenia el teu telèfon.

Aquell dilluns següent no em vaig poder concentrar en res que no fos tu. El meu cap viatjava constantment cap als dies que l'Ignasi va tornar de l'estranger després de cinc anys de no saber res d'ell. I no va tornar sol, sinó amb una filla en braços, una nena de dos anys i mig. «És l'Alba», ens la va presentar. La mare, que estava tota tova després de la trucada inesperada del seu fill pròdig anunciant-li la tornada imminent i definitiva, va acabar de perdre la circumspecció quan l'Ignasi va sortir per la porta d'arribada de l'aeroport del Prat amb una nena a coll.

—És la meva filla. No us n'he dit res, però tinc una filla, mare.

El pare i jo ens miràvem l'un a l'altre, sense saber com reaccionar. A ell i a mi ens costava més de pair-ho. L'Ignasi no tornava sol (de no sabíem on), sinó amb una filla. Aquell, doncs, era el punt de partida de la nova situació i res no podia canviar-ho. La mare, però, embadalida per la nena que amagava el caparró sobre l'espatlla del seu pare, i neguitosa pels antecedents i les conseqüències d'aquella trobada, es lamentava i lloava el cel, tot alhora, fent servir exclamacions i retrets a la vegada.

—No parla el català, mare —deia l'Ignasi—. L'entén, perquè jo li he parlat sempre en català, però de fet el poc que diu és en italià. La seva mare és napolitana. L'Alba va néixer allà, i tothom menys jo li ha parlat sempre en la llengua del seu país.

—Napolitana —va limitar-se a repetir el pare.

—Els darrers anys he viscut a Nàpols, pare.

—I per què no ens vas escriure mai? Per què ni una trucada, fill? Per saber que estaves bé; que vivies allà, que tenies una filla... —deixava anar la mare totes les preguntes alhora mentre acaronava els cabells color cafè de la petita—. Quina edat té?

—Dos anys i tres mesos, mare.

—Dos anys... angelet —va murmurar la dona sense deixar d'acaronar el cap de la nena.

Quan vam ser a casa, la mare va encabir com va poder un llit plegable al costat del de l'Ignasi a la seva habitació. La nena es va menjar un bol de llet amb colacao i galetes asseguda a la falda del seu pare. L'Ignasi es va estar una estona amb ella a l'habitació fins aconseguir que es quedés adormida.

—La seva mare ens va abandonar —va explicar l'Ignasi mentre sopàvem asseguts tots quatre a la taula del menjador de casa els pares—. Més tard la van detenir i està complint condemna en una presó prop de Nàpols. No em feu explicar detalls que ara mateix no venen al cas, us ho prego. Fa uns mesos que intento tirar endavant amb l'Alba, ella i jo sols, i no me'n surto. En tinc la custòdia, i no me'n surto —va insistir.

La mare movia el cap fent que no i sense apartar la mà de la boca. Jo, que coneixia bé el meu germà, sé que feia el possible per no mirar-la mentre ens resumia la situació. M'adonava que, en realitat, res no havia canviat. L'Ignasi continuava emmerdat en mil problemes, amb l'agreujant que ara tenia una filla al seu càrrec, una innocent que devia patir les conseqüències de la vida errant del seu pare, la mateixa que portava des que era un adolescent conflictiu. Pel que es veia, el pas dels anys no l'havien redreçat gens ni mica.

—I no tenies feina, allà? —li va demanar el pare.

—En tenia, però la vaig perdre. Els últims mesos han sigut un infern, pare. Ja no podia més. Només em quedeu vosaltres.

Quantes vegades havia sentit jo aquella mateixa frase? Sempre pronunciada en circumstàncies similars, just quan tot semblava esfondrar-se definitivament en la vida de l'Ignasi. Des del setze anys, el meu germà havia vocalitzat aquella maleïda oració cada cop que arribava al límit. Cada moment en què es veia perdut, amenaçat, insolvent o malalt semblava que se li despertaven les ganes d'acudir als pares i deixar anar aquella sentència guaridora que tan bons resultats li donava. «Només em quedeu vosaltres. Només us tinc a vosaltres, pares. Només em queda el darrer cartutx, la família.» I quan la vocalitzava, desapareixien com per art de màgia tots els retrets, totes les amenaces i totes les determinacions que els pares havien acordat abans que fos dita. S'esfumaven els «fins aquí hem arribat»; els «no et tornarem a donar un euro»; els «ja n'hi ha prou de no deixar-nos viure»; els «no t'ajudarem més, nano. Si et fiques en un embolic, ja ets prou gran per saber sortir-ne sol». Tot quedava en no res. Totes les «aquesta és la definitiva» i les «no hi haurà més oportunitats» es fonien com el gel d'una glacera a l'estiu.

—A nosaltres ens tindràs sempre al teu costat —va dir la mare aquella nit—. La família no et deixarà mai sol, fill.

Jo me'n vaig tornar a casa meva just al moment que començava la segona part de la comèdia: les súpliques de perdó de l'Ignasi, les llàgrimes de la mare, la ganyota de resignació del pare, i les abraçades de tots tres.

No vaig tenir esma de tornar a viure aquella comèdia per enèsima vegada.

En aquella època, però, Alba, tornar a casa no era cap solució. Ben mirat, t'he de confessar que era canviar un infern per un altre, sortir d'una farsa per entrar en una altra. La meva dona i jo ja no ens enteníem. Tu li deies tata Irene, no sé si te'n recordaràs, perquè vau conviure molts pocs mesos. Abans d'un any us en vau anar les dues, la tata Irene i tu, cadascuna per la seva banda.

La convivència amb la meva dona havia arribat a un punt sense retorn. El naixement del nostre fill, el teu cosí Raül, no va arreglar res. Al contrari: sempre he pensat que ho va espatllar tot. Ves quina coincidència: el teu cosí i tu vau néixer el mateix mes del mateix any, amb pocs dies de diferència, un a Catalunya i l'altra a Nàpols. Ni l'Ignasi ni jo havíem sabut que les nostres dones respectives havien parit els seus fills gairebé simultàniament, ni podíem intuir aleshores que, d'una manera diferent, la meva dona també abandonaria en Raül...

No, això no és cert, Alba. M'he deixat trair pel subconscient a l'hora d'escriure-ho. La Irene no ens va abandonar, ni a mi ni el nano. Ens vam separar de mutu acord. Jo no ho hauria fet, però ella va ser intransigent. I de ben segur no es va equivocar. La nostra vida en comú no tenia ni cap ni peus, i el dia a dia s'anava convertint en un malson. Ara reconec que tenia raó, però en aquells dies dels tràmits no vaig fer res més que posar pals a les rodes. Et seré franc: el meu fracàs matrimonial el comparava amb el del meu germà. Jo provava de fer tot el possible per no assemblar-me a ell, i fins i tot en això les nostres trajectòries coincidien. Un dia, amb més calma, et parlaré dels meus problemes amb l'Ignasi, Alba.

La Irene va sol·licitar la custòdia d'en Raül, i la va aconseguir gràcies a la feina de la seva advocada. No m'hi vaig oposar: al cap i a la fi, ella era la seva mare. Vam establir un règim de visites, com se sol fer sempre. En Raül passaria amb mi un cap de setmana sí i un no, i el tindria un mes durant les vacances d'estiu. També podria tenir-lo a casa uns dies per Nadal i per Setmana Santa. Vaig haver de marxar del pis.

T'explico tot això perquè va coincidir amb l'època que, molt a pesar meu, et vaig perdre de vista. Desitjo, i t'ho dic amb el cor a la mà, poder explicar-te totes aquestes vivències de paraula. M'agradarà molt fer-ho, Alba, i em pregunto si tu tindràs ganes de saber tots els detalls d'aquesta altra vida teva que no recordes. Avui, fa una estona, t'he vist per primera vegada després de molts anys. Em puc imaginar que tot plegat t'ha agafat per sorpresa i m'esforço a comprendre la teva reacció quan t'he explicat, només per sobre, una ínfima part d'aquesta història. Sé que ha sigut precipitat. Sé que no t'has refiat de les meves paraules. He intentat com he pogut no ferir els teus sentiments i posar-me al teu lloc. No soc ningú per entrar com un vendaval en la teva vida i regirar-ho tot sense valorar-ne les conseqüències. Per res del món voldria fer-te mal.

T'he deixat un telèfon i una adreça de correu electrònic, i confio que tard o d'hora em trucaràs o m'escriuràs per tornar-nos a veure i parlar. Esperaré pacientment que ho facis. Mentrestant, si no et sap greu, continuaré escrivint aquesta carta.

Han passat cinc dies, Alba, i no has donat senyals de vida. Ahir en Raül em va preguntar si havia tornat el mòbil al seu propietari i li vaig dir que sí. Qui era?, va voler saber. Un jove, li vaig dir. Se'm va quedar mirant a l'espera que jo ampliés la informació, però no ho vaig fer. Com sempre, en Raül va perdre l'interès de seguida.

Quan va fer catorze anys, el meu fill va decidir que no volia viure més amb la seva mare. La Irene no va batallar gens ni mica, perquè intueixo que en el fons era allò el que volia: treure-se'l de sobre. Em diràs que m'equivoco malparlant del meu fill i de la seva mare, però et reptaria a coneixe'ls i aleshores em donaries la raó. Jo no sé encara com t'ha anat la vida amb la teva família adoptiva, però pels senyals que vaig poder observar durant la nostra breu entrevista a la cafeteria, imagino que no has patit tant com nosaltres. Et vaig veure una noia guapa, segura de tu mateixa. Vesties bé, parlaves amb correcció. Et movies convençuda de l'espai que omplies i trepitjaves. Em vas dir que estaves començant una carrera universitària. Tot això que vaig distingir en la teva figura i personalitat és el que m'hauria agradat per al meu fill. Mai he pretès que en Raül fos com jo, ni que se m'assemblés. Però m'hauria agradat que el meu fill fos algú, que tingués els seus objectius a la vida, que tingués consciència i personalitat. Les coses no han anat així, Alba. Ja sé que és jove i que pot canviar. Fins i tot admeto que molta gent de la seva edat passa una època disbauxada en un intent de perllongar una adolescència que, si més no temporalment, ja ha quedat enrere. Ves a saber si en el seu cas serà així, i tot d'una em penediré de les paraules que t'escric ara mateix per retratar-lo. Però la realitat que m'amoïna és que no puc deixar de veure-hi l'actitud autodestructiva del meu germà Ignasi, el teu pare.

Me n'estic, de moment, d'explicar-te com vas marxar de les nostres vides, perquè m'agradaria fer-ho de paraula el dia que em vulguis tornar a veure per saber tot això que desconeixes. També posposo la informació sobre l'esdevenir de l'Ignasi fins al moment que em diguis que ho vols saber. Vull insistir en allò que et vaig escriure fa uns dies: jo hi soc; pots contactar amb mi. És el meu desig i el meu deure ser a prop teu i revelar-te tot el que vulguis saber. Et faré costat sempre, Alba, i només somio que arribi el dia que et decideixis a demanar-me ajuda.

Et parlaré de mi, si no et sap greu, perquè em coneguis una mica abans no arribi el dia del retrobament. Soc informàtic. Ho era, de fet. Vaig treballar uns anys com a programador per a una empresa de les fortes. Podem dir que, durant uns anys, vaig tenir tot allò que hom pensa que és necessari per ser feliç. Des d'un punt de vista convencional, si més no. Tenia calés, tenia amics, tenia una bona feina, una dona atractiva. Aquest període d'esplendor (ho dic amb un deix d'ironia) va coincidir amb els anys d'absència de l'Ignasi. Fins aleshores jo havia tingut el paper de germà responsable, de crossa per als meus pares, de puntal de la família. Era el paper que m'havia estat assignat des de sempre, i en el qual em sentia, si no orgullós, com a mínim còmodament adaptat. Jo era el fill amb estudis, amb perspectives de futur... aquell a qui es podia acudir i mitigava, si més no, els efectes negatius del meu germà. Jo no havia provat les drogues, ni m'havia sentit atret per la mala vida... No sé com explicar-t'ho sense malparlar del teu pare, Alba, però em temo que és impossible. No vull ferir els teus sentiments, ja ho saps, però la presència nociva de l'Ignasi en la meva vida és difícil de defugir. No ens portem gaires anys de diferència, però som dues persones tan oposades que a la força he de retratar-ne l'una per entendre l'altra... A la teva edat, mentre jo estudiava ell s'iniciava en el món de la delinqüència. T'ho dic així, ras i curt. Jo estudiava, i aprenia anglès, i practicava esport mentre ell traficava, cometia petits robatoris i s'aprofitava dels pares. És aquella mena d'històries que deus haver llegit alguna vegada o vist en pel·lícules. Jo sentia una pressió que no em deixava viure tranquil, sempre amoïnat per les accions de l'Ignasi. No era responsable dels seus actes, és clar, però sí que en patia les conseqüències, i això em tallava les ales. Quan vaig conèixer la Irene vaig pensar que tot plegat canviaria. De seguida vam anar a viure junts, i abandonar la casa familiar va ser un alliberament per a mi. Quan els pares em trucaven per informar-me d'alguna incidència que tenia a veure amb l'Ignasi, jo hi acudia. No els volia deixar sols. Em tocava lluitar, parlar amb els uns i amb els altres, discutir, anar amunt i avall a la cerca de solucions, però al final del dia me'n tornava a casa meva, amb la Irene, i el problema familiar quedava lluny.

El teu pare no es va redreçar mai. Ho va intentar, això és cert, però no se'n va sortir. Sempre hi tornava. Si s'hagués tractat d'un conegut, o fins i tot d'un amic, hauria arribat el punt de llançar la tovallola i dir, «ja t'ho faràs. Jo ja en tinc prou i no t'ajudaré més». Però era el meu germà, i els que patien eren els meus pares, i tot aquell patiment tan íntim i proper m'impedia desentendre'm de l'assumpte. Ho estic resumint molt només perquè te'n facis una idea i amb la intenció, com et dic sempre, de no ferir els teus sentiments de cara al dia que vulguis saber més coses d'ell. És desesperant comprovar que tots els esforços no serveixen de res; que per més que hi dediquis energia i temps (i sovint també diners) sempre es torna al punt de partida. És una feina esgotadora, t'ho ben asseguro.

Vaig tenir la gran sort que la Irene i els meus amics em feien costat tant com podien. Es posaven en la meva pell i entenien la situació. Sort en vaig tenir de tots ells durant els anys més durs.

Com et deia, però, un dia tot va canviar. L'Ignasi, que feia poc havia sortit d'un centre de desintoxicació per tercera o quarta vegada, va dir que se n'anava. Que la seva vida havia entrat en un bucle sinistre i que, aconsellat pels psicòlegs que l'havien atès, fora bo començar una nova vida lluny de tot i de tothom. Els pares es van preocupar quan van saber la seva decisió: on aniràs, de què viuràs, qui tindrà cura de tu. Tant l'Ignasi com jo, però, els vam convèncer d'acceptar-ho. Calia donar una oportunitat a una experiència nova. Tot el que s'havia intentat fins aquell moment no havia funcionat. No s'havia de tancar cap porta que pogués ser, definitivament, la de la transformació definitiva.

Li vam donar diners. No ens va voler dir on se n'anava ni quan tornaria. «Però et quedaràs a Catalunya? A Espanya? Vols marxar a l'estranger, tu que no has volgut estudiar mai cap idioma, tros de suro?», s'esverava el pare. L'Ignasi va insistir que no ens preocupéssim. Que el canvi l'havia de fer sol, amb esforç, sense suport de cap mena. «Un amic», ens va anunciar, «m'ha passat el contacte d'un lloc on em poden donar feina». «Quin amic, desgraciat? Un dels que t'han ensarronat durant tots aquests anys?», va voler saber el pare. No va dir res. El darrer dia que ens vam veure, abans de sopar a casa dels pares, jo em vaig mirar el meu germà preguntant-me quina part de veritat hi havia en els seus propòsits. Li vaig demanar quant trigaria a tornar i si ho faria alterat, malalt, i exigint calés com feia sempre. Aquella nit, a casa, la Irene em va demanar si no m'amoïnava aquella fugida precipitada de l'Ignasi; si no sospitava que hi hagués alguna intenció que jo desconeixia. Li vaig dir que no. I era la veritat.

Per això et deia que, quan va marxar l'endemà mateix, es va iniciar per a mi l'època de bonança. No vam tenir notícies del meu germà durant anys, i he de reconèixer que al principi em neguitejava els efectes d'aquella absència tan perllongada en el tarannà dels pares, de la mare especialment. «Un dia ens el tornaran mort», deia. «Un dia ens trucaran per dir-nos que és a la presó.» Tots dos em suplicaven que el busqués, que mogués els fils per saber on era i com li anava. Jo els deia que ho intentaria, però no vaig moure un dit. Després del primer any de ser fora, vaig deixar de pensar-hi. Em vaig promocionar a la feina. Vaig fer amics. Em vaig poder pagar un màster.

Arribaven diners a casa, i la Irene estava contenta. Vam viatjar. Ens vam comprar un pis de luxe. La vida m'anava molt bé, Alba.

Durant aquells anys vam decidir tenir un fill. L'arribada d'en Raül va ser com una medecina per als meus pares, però no tant per a nosaltres. El ritme de vida que dúiem la Irene i jo abans de la seva arribada va quedar interromput amb el naixement d'en Raül (encara em costa anomenar-lo «el teu cosí») i reconec que va enterbolir molt la nostra convivència. Potser aquella vida tan bona però tan convencional que dúiem se'n va ressentir. És trist dir això de l'arribada d'un fill, però he decidit ser sincer amb tu en aquesta carta que t'escric. L'Ignasi no el vam tornar a veure fins que va arribar de Nàpols carregant-te a coll.

Continuaré un altre dia.

Han passat dos dies des de la darrera vegada que vaig obrir el document per escriure't. No has trucat. No m'has enviat cap correu. Jo tampoc no ho he fet, és clar. Penso que necessites el teu temps i per res del món voldria pressionar-te.

No treballo. El dia que ens vam trobar a la cafeteria no te'n vaig dir res, però tinc el que se'n diu una baixa laboral definitiva per causes mèdiques. Rebo una pensió d'invalidesa. Tot plegat fa que em senti fracassat i que sovint pensi en mi mateix com un paràsit de la societat, un detritus, una nosa... No se'm fa dur parlar així. M'hi he anat acostumant. A més a més, he decidit no amagar-te res. Tinc quaranta-set anys, i quan em llevo cada matí s'obre davant meu un dia buit. Un dia sense horitzons ni objectius. És molt dur, t'ho ben asseguro. La causa de la meva malaltia és de caràcter psíquic. Els primers temps vaig lluitar aferrissadament contra allò que em passava, perquè no em volia resignar, no em volia rendir. Tots els esforços van resultar inútils. Després del drama que vam viure (t'ho explicaré més endavant), jo vaig tornar a la feina, i vaig fer tot el possible per mantenir l'estabilitat emocional, si més no en horari laboral. Van ser unes setmanes de tortura. Quan patia les crisis d'angoixa, que eren fulminants, corria a amagar-me al lavabo de l'oficina, o pujava amb qualsevol excusa a la terrassa i patia en solitari aquells atacs devastadors. Em quedava sense alè. No podia respirar i m'ofegava. El pitjor de tot era defugir l'instint d'autolesionar-me o de llançar-me al carrer des del balcó. Era tan insuportable la sensació d'ofec, i tan negre el pensament de no poder sortir del forat, que posar fi a la meva vida m'enlluernava com a solució. De vegades trigava mitja hora a recuperar-me. Jeia a terra, on fos, i m'esforçava a respirar compassadament, inspirar i expirar a un ritme fins que em tranquil·litzava. El psicòleg em recomanava tota una bateria d'actuacions que, en els moments àlgids de l'atac, se m'esborraven del cap.

Suava; em quedava blanc com el paper i era incapaç de moure'm. Passada la crisi tornava a l'oficina i mirava de concentrar-me, però no podia ni parlar. Va arribar el dia que no ho vaig poder amagar més... No et pots imaginar la situació, ni vull explicar-te-la. Et diré que van cridar una ambulància i em van traslladar a l'hospital. Vaig estar tres setmanes de baixa, i després vaig fer un últim intent de tornar a la feina, sense el vistiplau dels metges, és clar. La segona vegada que van trucar a l'ambulància va ser la definitiva.

Tot i estar separats, la Irene em va fer costat els primers temps. Fins i tot vaig tornar a viure a l'antic pis, amb ella i en Raül. Quan va veure que la cosa no tenia remei, va deixar el pes a les mans dels meus pares, que es van fer càrrec de mi. La mare es va instal·lar a casa meva. A en Raül ni tan sols el vaig veure durant un parell de mesos. La primera vegada que vam trobar-nos cara a cara, el meu fill em va mirar d'una manera que no oblidaré mai. Una mirada plena de desencís, frustració i menyspreu. Ni tan sols hi havia un deix de commiseració o de llàstima. Així i tot, com ja t'he explicat, uns anys després va demanar a la seva mare de venir a viure amb mi. «Tindré cura del pare. És bo que tingui algú al costat», va al·legar. Era una excusa, és clar. Va fugir de la protecció de la Irene, de la seva autoritat i exigència, per establir-se al costat d'un desvalgut que no li prohibiria res. Que el deixaria fer el que volgués i que no mouria un dit per aturar-lo. Reconec que no és ni el que desitjava ni el que em convenia, tenir el meu fill a casa.

El meu dia a dia, Alba, és força penós per a un home de la meva edat. Em costa dormir i abans de dos quarts de set del matí ja estic llevat. No surto de casa en tot el dia, i vaig d'una habitació a una altra sense vestir-me, en pijama. He deixat de tenir cura de les coses de la casa, tasca a la qual em vaig dedicar en cos i ànima els primers anys de la meva malaltia. També he deixat de fer les activitats que, en un primer moment, vaig entendre que em convindria fer i que no havia pogut fer mai per manca de temps. Cap d'aquelles distraccions m'atrau ara, cap ni una. Camino dues hores al dia, això sí. Per prescripció mèdica. Durant els passejos he après el recurs de no pensar en mi, sinó de concentrar-me en el traçat urbà, les construccions, els carrers, les botigues i els objectes o les mercaderies que s'hi venen. Et sabria dir, sense equivocar-me gaire, l'ordre i la disposició dels establiments de qualsevol barri proper al meu, a una i a altra banda de carrer. Et sabria dir el recorregut de les parades dels busos, la fluctuació dels preus dels productes exposats als aparadors. Et sabria reconèixer persones, i dir-te en quin barri viuen, amb quina freqüència me les trobo. Sé l'aspecte dels botiguers, de les dependentes. Sé, com et dic, un munt de dades inútils que m'ajuden a oblidar-me de mi i de la meva circumstància durant les dues hores diàries que camino per la ciutat.

Un dia t'explicaré com em va sobrevenir la malaltia, i et confessaré la seva causa. No és només l'estrès laboral i el patiment familiar, com assenyalen tots els informes dels metges i psiquiatres que em van dictaminar la invalidesa. Et prometo que ho sabràs, Alba, però aquesta és una altra de les coses que et vull explicar cara a cara, quan ens trobem. Ara només resto a l'espera que qualsevol dia tinguis el coratge de posar-te en contacte amb mi.

3

El senyor em va parlar des del mòbil d'en Víctor. Vaig contestar pensant que seria ell qui em trucava i que devia voler comentar com havia anat la fi de festa, i si s'havia acabat enrotllant amb la noia amb qui el vam deixar quan vam marxar de la discoteca. Però no era en Víctor, sinó aquell home.

Em va dir el seu nom, que no vaig retenir en aquell moment, i em va explicar que havia trobat en un local nocturn el telèfon des del qual em trucava.

—El propietari o propietària el va perdre —va dir.

—Ostres! És el telèfon d'en Víctor! No sabia que l'havia perdut...

—El va trobar el meu fill, que també era al local aquella

matinada. He trucat al primer número que he trobat al directori. El mòbil estava desbloquejat.

—Soc amiga seva. Dissabte vam estar junts a la discoteca! —Aleshores vaig preguntar-me què se suposava que havia de fer jo per recuperar-lo.— Vol que li doni un telèfon de contacte d'en Víctor? Vol que li doni la seva adreça?

—Bé, no ho sé... No sé què fer amb el telèfon...

—Oh, és clar! Vostè no ha de fer res, només faltaria! Gràcies per haver-se posat en contacte amb nosaltres... Jo mateixa li puc venir a buscar allà on em digui... O pot venir el mateix Víctor. Ara mateix el buscaré i...

—Puc quedar amb vostè, si no li sap greu. Ja que he fet el contacte, vostè mateixa el pot recollir i donar-li al seu amic.

—I tant! És el més fàcil! On i quan li aniria bé quedar?

No vaig pensar res estrany. Ni tan sols se'm va ocórrer trucar a casa d'en Víctor per anunciar-li que havia recuperat el seu telèfon.

Vaig quedar amb l'home al cap d'una hora, en una cafeteria. Quan tingués el telèfon buscaria en Víctor i li donaria la sorpresa.

Era un home d'uns cinquanta anys, una mica deixat. No em va fer mala pinta, però. La veritat és que no pensava en altra cosa que recuperar el telèfon i agrair-li el gest. La cafeteria tenia terrassa i estava plena de gent. Em va pregar de seure i em va demanar si volia prendre un cafè.

Li vaig dir que no, que gràcies, que tenia una mica de pressa. Vaig seure, però, més que res per no obligar-lo a estar-se dret. Després d'explicar-me amb més detall com havia arribat el mòbil a les seves mans, em va preguntar si em sonava la seva cara.

—Jo a tu et conec —em va anunciar. Jo devia fer cara d'autèntica sorpresa. Me'l vaig quedar mirant, intrigada.— Quan t'he vist, t'he reconegut de seguida. Fa molts anys que no sabia res de tu.

—Em coneix? De què em coneix?

Ho va deixar anar sense miraments. Em va dir que era el meu oncle. Que jo era filla del seu germà. Davant la meva estupefacció i incredulitat, em va preguntar si sabia que jo havia sigut adoptada de petita.

Em vaig preguntar si tot plegat era una broma. Vaig tenir la sensació que ens filmaven amb una càmera oculta. Perdó?

—Per la cara que fas, potser no en saps res... —va semblar que es lamentava.

De seguida em va indignar haver escoltat el que deia. Encara que fos una equivocació o una broma.

—No sé de què em parla. Em confon —vaig balbucejar.

—Em sap greu haver anat massa de pressa. Em pensava que t'haurien dit que...

—No tinc cap oncle —el vaig interrompre. Vaig preguntar-me on guardava el coi de mòbil que, en teoria, havia vingut a recuperar.— Em pot donar el telèfon del Víctor, si us plau?

L'home va reaccionar de seguida. Es va posar la mà a la butxaca interior de la caçadora i em va donar el telèfon. No em va sortir ni donar-li les gràcies, però tampoc vaig fer el gest d'incorporar-me.

—Malgrat la precipitació —va fer ell, amoïnat—, has de saber que et deies Alba. Quan vas néixer et van posar Alba. M'agradaria explicar-t'ho a poc a poc, no d'aquesta manera. Però tinc por que si te'n vas sense saber-ho, potser no hi seré a temps de poder dir-t'ho mai.

—No em dic Alba. Es confon —vaig insistir—. Es confon de noia.

L'home va fer un gest amb les mans. Un gest de paciència. De reconèixer un error, potser. Vaig incorporar-me.

—Et puc deixar el meu número de telèfon? O una adreça electrònica? No cal anar amb pressa. Quan tu vulguis em...

—No necessito res del que em proposa —vaig tallar-lo novament—. He de marxar. He d'agafar el metro.

—Et puc acompanyar fins allà? Insisteixo a disculpar-me. No t'ho havia d'haver revelat amb aquesta preci...

—Es confon. No es preocupi.

L'home va fer un gest al cambrer i va deixar un bitllet de cinc euros damunt de la taula sense esperar el compte ni el canvi. Jo no li havia dit que em semblava bé que m'acompanyés a la boca del metro, però em va desarmar la seva decisió. De cop, caminàvem plegats pel passeig de Sant Joan.

—Va perdre una neboda? És per això que la busca? —li vaig preguntar.

—Sí. És una història llarga i enrevessada. Es deia Alba. Era filla del meu germà.

—Per què la van donar en adopció? —I a continuació se'm va ocórrer una pregunta que no tenia res a veure.— Per què m'ha trucat a mi? Hi havia molts altres contactes al directori del telèfon.

—Et vaig reconèixer a les fotos. Les fotos d'una festa. Són les últimes que s'havien fet amb la càmera. Ja t'he dit que el mòbil estava desbloquejat.

—M'assemblo a la seva neboda? Com va saber el meu nom? No em dic Alba.

L'home bellugava el cap però li costava parlar.

—És llarg d'aclarir —va insistir—. T'ho explicaré quan estiguis preparada per saber-ho.

—No soc jo. A mi no em van adoptar. Soc filla dels meus pares.

L'home va assentir sense mirar-me. En arribar a la boca del metro es va treure la cartera de la butxaca dels pantalons i em va allargar una targeta. Jo no em vaig atrevir a rebutjar-la.

—No li trucaré —vaig anunciar, i ell va tornar a assentir en silenci—. Gràcies per tornar-nos el mòbil. He de marxar.

Vaig deixar-lo a l'entrada del metro. Vaig baixar les escales sense girar-me a mirar què feia.

Al vagó, mentre anava cap a casa, pensava que era la cosa més surrealista que m'havia passat mai. Era difícil descriure els sentiments que l'entrevista amb aquell home m'havien provocat. Com si se'n barregessin molts, però cap fos ni el causant, ni tan sols el decisiu per definir l'estat estrany en què em trobava després de la breu entrevista. Ràbia, sí, una mica, però no era ben bé ràbia. Pena per ell, però no era exactament que l'home em fes llàstima (precisament perquè s'hi barrejava la ràbia); neguit... però neguit de què? Per què? Dubte. Confusió. Irrealitat.

D'una banda pensava que m'havia pres el pèl, però no n'estava segura: potser sí que l'home buscava desesperadament algú que fos la seva neboda perduda...

No em tranquil·litzava el fet de donar-hi voltes sense parar. D'haver-me d'aguantar el riure pel to patètic de la confusió, i un segon després penedir-me'n. Tampoc podia treure'm l'episodi del cap i pensar en altres coses. Hi havia un deix de confusió que em neguitejava, però alhora m'enfurismava acceptar que aquell episodi confús em neguitegés.

Tinc divuit anys! Els meus pares són els meus pares! Quins pares no diuen la veritat als seus fills, si més no quan aquests es fan grans? És clar que la relació entre els meus pares tampoc havia sigut gens senzilla...

Una cosa vaig tenir clara de seguida, però: no explicaria a en Víctor com havia recuperat el seu mòbil. Si ho feia, em veuria en l'obligació de revelar aquella història estranya. En sortir del metro vaig trucar al pis de l'Ona, que som veïnes, i li vaig dir que havia recuperat el telèfon.

—Tinc molta pressa —vaig mentir—. Ja t'explicaré com ha anat. Un favor, please. Digue-li que la persona que l'ha trobat s'ha posat en contacte amb tu. Que te l'ha deixat a casa teva, o a la botiga de la teva mare...

—Però per què? Quin sentit té que jo...

—T'ho explico en un altre moment, Ona. És una història una mica boja! —vaig provar de fer broma—. No cal que en Víctor en sàpiga res! Digue-li que te l'han tornat a tu, si us plau.

Li vaig deixar el telèfon i ella em va prometre que ho faria tal com jo proposava.

La mare encara no era a casa quan hi vaig arribar. De fet, m'havia enviat un whatsapp dient-me que no vindria a sopar, que a la galeria tenien inauguració i aniria a picar alguna cosa amb l'artista i els convidats.

Vaig buscar al google el nom que constava en la targeta que m'havia donat l'home. Hi havia cinc perfils de Facebook amb aquell nom i cognom, però cap de les fotografies es corresponia amb la imatge de l'home. A la targeta que m'havia donat, de disseny senzill i barat, a banda del nom hi havia un telèfon, una adreça postal i una de correu electrònic.

Per què em neguitejava la confusió? S'havia equivocat. M'havia confós per una altra. La qüestió era ben simple, però tot i així havia fet reaparèixer al meu cervell la imatge d'aquella dona.

Feia temps que no hi pensava. Es podria dir que gairebé l'havia oblidada. Fa anys, quan encara la seva figura se m'apareixia de tant en tant, de vegades en somnis, d'altres estant desperta, n'havia parlat amb la mare. No era un personatge inquietant, però alguna cosa que no quadrava, alguna circumstància inexplicable, m'impulsava a recordar-la, a pensar en ella, a reviure aquella mena de biblioteca en la qual la dona m'acollia i totes dues conversàvem. Jo era molt petita. No recordo el perquè hi anava, ni on era, ni què hi fèiem totes dues xerrant entre els prestatges de llibres. La dona tenia, damunt de la taula, un bol ple de llaminadures. De tant en tant me n'oferia, «té, agafa un caramel», em deia.

Devia tenir onze o dotze anys quan l'hi vaig preguntar a la mare. Recordo que érem totes dues a casa, un vespre. Ella preparava el sopar a la cuina. Li vaig dir que sovint recordava la dona del bol de caramels.

—Què més recordes, d'aquella dona? —em va demanar la mare, sense deixar de batre els ous per fer una truita.

—Que érem en una biblioteca. Hi havia les parets plenes de llibres.

La mare va somriure.

—Em pensava que no ho recordaries mai, això —va fer, picant-me l'ullet—. Eres molt petita quan hi anaves.

—Qui era? —vaig insistir.

—Una psicòloga.

—Jo anava amb una psicòloga, de petita?

—Va ser arran de la separació. Quan el teu pare i jo ens vam separar, vaig detectar uns canvis en la teva actitud general que em van preocupar. Una amiga em va recomanar que et portés a un psicòleg. Hi devies anar quatre o cinc vegades. Després el teu comportament va millorar i vas tornar a ser l'Emma de sempre. Estava convençuda que no ho recordaries mai més.

Més d'un cop, xerrant amb els amics, havia explicat que de petita em van dur al psicòleg. Alguns d'ells hi anaven; els detectaven un TDH, o tractaven l'angoixa que els produïen els exàmens, o perquè estaven massa enganxats als jocs d'ordinador. Jo els explicava que hi havia anat perquè no havia sabut entomar correctament la separació dels meus pares. «Què et passava?», em solien preguntar. I jo no ho recordava. Només em venia al cap la imatge de la dona esvelta i ben vestida. I de la biblioteca i el bol de llaminadures.

Feia temps que no hi pensava. Però l'entrevista estranya amb aquell home que tenia el telèfon d'en Víctor i havia perdut una neboda me la van fer recordar.

Durant un parell de dies vaig dur la targeta d'en Pau Llòria a la butxaca posterior dels texans. Estaven a punt de començar els exàmens finals a la universitat i jo ja m'havia posat les piles. Soc una estudiant modèlica. Bé, això ho diuen els meus amics. Llevat de l'Abel, que estudia Belles Arts i no ha d'estudiar tant com els altres, en Víctor, l'Ona o la Laura no tenen la capacitat de concentració que tinc jo, i són dels que van tirant com poden, i es deixen massa feina per a última hora. Jo, en canvi, soc disciplinada i m'agrada dur les matèries al dia. És un hàbit, no una condició natural. Faig les meves activitats com fan ells, i surto algun cap de setmana, com tothom, però reconec que m'apassiona allò que estudio i per això hi dedico el temps que considero necessari. Me'n puc estar de moltes coses improductives (això ho diu sempre l'Abel) i tinc la sensació de no aprofitar la jornada quan, de tant en tant, em sento mandrosa i decideixo deixar la feina per l'endemà.

Reconec que aquells dies, però, tot i tenir obertes la novel·la i l'assaig que havia de llegir per a l'examen de literatura comparada, no em podia treure del cap la imatge una mica patètica d'en Pau Llòria a la cafeteria i la història de la seva neboda desapareguda. El convenciment que tenia l'home que jo no era qui en realitat era, em mortificava. Rememorava la nostra entrevista i em corprenia la manera com em mirava. Em reconeixia. No semblava tenir cap dubte sobre qui era jo. Mai, ni un sol cop, el vaig veure dubtar. Buscava una persona i estava convençut que l'havia trobat. I el més fort és que aquesta persona aparentment era jo. La seva seguretat era com la d'un edifici de maons, o de ciment, i no pas la d'un castell de cartes, tremolós i inestable. En Pau Llòria se'm va dirigir des de la certesa. Em va parlar no com si pogués ser la seva neboda perduda, sinó com si la fos.

Una tarda, quan sortia de la facultat, vaig rebre una trucada del pare. Hem conviscut molt poc, el pare i jo. Els meus pares s'havien conegut a la galeria d'art on treballa la mare. Ara ja no només hi treballa, sinó que s'ha convertit en sòcia de l'amo i n'és la copropietària. Fa anys el pare hi va fer una exposició. Allà es van conèixer. La filla de casa bona, culta i amb estudis, es va enamorar de l'artista de vida bohèmia. Molt de pel·lícula, tot plegat. Tinc molt pocs records de la vida de nosaltres tres en família. Poquíssims, de fet. La imatge més nítida que conservo és la del pare amb les maletes a la porta del pis el dia que se'n va anar de casa. «Vine i fes-me un petó ben fort, Emma», em va demanar. La mare era darrere meu i em subjectava les espatlles. «Ja li faràs un altre dia», va dir ella, i de seguida va tancar la porta. Li vaig demanar a la mare on anava el pare. «Se'n va de viatge», va anunciar. Tot just aleshores em vaig adonar que plorava.

Es van separar quan jo acabava de fer els quatre anys.

El pare va abandonar-nos. Se'n va anar amb una altra dona. De fet, se'n va anar amb la millor amiga de la mare. Una història també de pel·lícula, sí, però que va causar un terrabastall considerable. La mare es va quedar feta pols mentre el pare i la seva amant se n'anaven de Barcelona per instal·lar-se a Madrid. Al cap d'uns anys, la relació va fracassar i el pare va conèixer una francesa, s'hi va casar i ara viu a París. Tenen dos nens, bessons, els meus germanastres francesos. Els he vist poques vegades, i de tant en tant apareixen en pantalla quan el pare i jo fem un skype des de casa seva al barri de Bastille. La nova dona del meu pare és molt més jove que ell. La vida sempre és sorprenent i imprevisible.

El pare és artista i es guanya bé la vida. Sé per la mare que mai no ha deixat de passar una pensió per a mi, cosa que li agraeixo. Dos cops l'any, pel meu aniversari i pel seu, em fa arribar un bitllet d'avió per anar a París a passar-hi uns dies. Hi vaig des que puc viatjar sola en avió. Primer m'hi acompanyaven unes hostesses, que em recollien de mans del personal de terra de l'aeroport del Prat i em deixaven en braços del meu pare, que m'esperava a Charles De Gaulle o a Orly, els dos aeroports de París. La mare mai ha volgut acompanyar-m'hi. De fet, els pares s'han vist en comptades ocasions des que es van separar. «Des que ell em va abandonar», precisa sempre la mare. La mare no ha perdonat mai la seva millor amiga, que torna a viure a Barcelona amb el seu primer marit, el que havia abandonat quan es va enrotllar amb el pare. «Aquell home no és rancuniós», li dic jo a la mare, divertida. «Aquell home el que no té és dignitat. Un mitja merda, un calçasses, ja t'ho diré», em contradiu ella.

El pare no em trucava per res especial aquella tarda. Només volia saber com estava i si ja havia començat els exàmens. Vaig buscar una cafeteria amb terrassa al carrer Aribau, vaig demanar un Nestea, i vaig seure còmodament perquè sabia que la conversa seria llarga. El pare i jo no hem perdut mai la capacitat de comunicar-nos. Ens agrada parlar l'una amb l'altre. Mai no ens fem retrets, mai discutim. És fàcil relacionar-te amb un pare que viu lluny, que té una bona vida i que ha rejovenit des que té dos marrecs de dos anys corrent per casa. És un home que explica i escolta. Em diu tot el que fa, m'exposa les seves opinions respecte a temes generals de política, i em demana per les meves coses. Sap com es diuen els meus amics. Sap quins dies vaig a la piscina a nedar. Sap el nom dels meus bars preferits, dels crèdits que curso, dels autors que llegeixo o de les pel·lícules que veig.

Per tot això, em va semblar natural que la confusió d'en Pau Llòria sortís a la conversa. L'hi vaig explicar tal com havia passat: la pèrdua del mòbil d'en Víctor, la trucada, l'entrevista a la cafeteria del passeig de Sant Joan. El pare em va fer repetir el nom de l'home que havia trobat el mòbil. Després, això ho vaig pensar més tard, es va quedar completament mut més estona de l'habitual. El pare és dels que t'interrompen perquè volen saber, o perquè et volen dir que estan d'acord o en contra d'allò que exposes. Però el pare va escoltar en silenci la meva narració sense dir ni piu.

—N'has parlat amb la mare? —em va demanar després del llarg silenci.

—No. Ni tan sols l'hi he dit. Per què ho preguntes?

El pare no va poder evitar un altre silenci massa llarg.

—Passa res, papa? —li vaig demanar.

—Hauries de parlar amb la mare.

—Parlar de què?

—Explicar-li això que m'acabes de dir. Que vas veure aquest home. Que et va confondre amb la seva neboda...

—Per què ho hauria de fer? Què em vols dir? —el vaig interrompre.

—Jo no puc dir-te res, Emma, perquè estic molt lluny. Hi ha temes que només es poden tractar quan s'és a la vora. No sé si m'explico.

—No entenc a quina mena de temes et refereixes, papa.

Vaig sentir com s'escurava la gola abans de parlar.

—No t'amoïnis, Emma. No hi ha cap problema. Només et recomano, ara que ets gran i assenyada, que no et guardis res a dins que et faci patir. Sempre tindràs algú a prop teu que t'escoltarà. Tots t'estimem molt, filla.

No vaig saber què contestar-li. Em va deixar parada

que el pare s'hagués posat sentimental i intimista enmig d'una conversa tan banal. De sobte vaig sentir un dels bessons que bramava, i el pare, disculpant-se, em va dir que hauríem de deixar la conversa per més tard, que el menut s'havia fotut de lloros.

—Parla amb la teva mare, Emma —va insistir.

De camí cap a casa vaig decidir que seguiria el consell del pare i li explicaria a la mare aquell curiós incident amb en Pau Llòria.

Abans d'arribar vaig tenir la necessitat de parlar amb algú i vaig trucar a l'Ona. Vam xerrar una bona estona a la seva habitació. Li vaig explicar la història del mòbil d'en Víctor i l'episodi amb en Pau Llòria. L'Ona es va adonar de seguida que alguna cosa em preocupava. No li vaig dir que havia parlat amb el pare, tot i que la conversa que havíem mantingut feia una estona per telèfon m'havia deixat totalment confosa. No en sabria dir exactament la causa, però.

—Trucaràs a aquell home? —em va preguntar la meva amiga.

—I és clar que no! Et penses que m'he tornat boja?

Va ser en arribar a casa que vaig treure la targeta d'en Pau Llòria de la butxaca dels texans i, agafant-la amb dos dits, com si em fes fàstic, em vaig disposar a llençar-la a les escombraries. Mentre mantenia pitjat amb el peu el dispositiu que obre el cubell va entrar la mare a casa. Quan va ser a la cuina em va revelar que el pare li havia trucat. Va anar de segons que no llencés el meu destí a la brossa.

—Vols que parlem, Emma?

No disposem de mecanismes de defensa. No existeixen manuals de reacció. No ens eduquen en estratègies de supervivència. Ho dic així perquè, malgrat tot, som conscients que l'ordre habitual es pot trencar de manera sobtada quan menys t'ho esperes. La vida pot canviar en qüestió de segons. Allò que semblava etern s'esvaeix amb una bufada. Tot allò que sembla inalterable resulta destructible. Sense esperar-ho ni preveure-ho.

La mare no parava de repetir que entendria qualsevol reacció, qualsevol decisió. Que es posava al meu lloc i que m'entenia. També em suplicava que no li donés la culpa de tot. Que sempre havia fet el que creia millor per a mi; que si fins aquell dia no m'ho havia explicat era perquè pensava que no havia arribat el moment.

—T'estimo, filla. Ets el que més estimo en el món. Així de simple i així de complicat.

Jo pensava en l'Abel. Curiosament, pensava en ell. En com em dibuixaria en aquelles circumstàncies. En el retrat que em faria. Tinc un munt de dibuixos que m'ha fet l'Abel des de l'època de l'institut, quan ens vam conèixer. Ell n'està una mica de mi. O molt. Ho vam intentar, això de sortir junts, fa un parell d'anys, però no va funcionar. Ho vam deixar córrer de mutu acord, però ens hem continuat veient tant o més que abans. L'Abel té bona mà pel dibuix. Estudia Belles Arts i vol ser artista, com el meu pare. L'Abel em demana de tant en tant que em quedi ben quieta, i aleshores agafa un full de paper i un llapis o un boli i em retrata. Jo sempre em faig pregar: «Ara no, pesat, que estic llegint» o «No em ve de gust estar-me quieta, Abel», però ell insisteix i acabo acceptant. M'estic ben quieta de la manera que l'ha inspirat per dibuixar-me. Acostant-me un got als llavis, o concentrada en la lectura d'una novel·la, o recollint una flor al marge d'un camí si estem d'excursió. De vegades és un perfil el que em demana, o una vista frontal. Un cop li va agradar com em recollia els cabells en una cua de cavall; una altra li va fer gràcia com em pintava les ungles dels peus.

Pensava en el dibuix que em faria l'Abel en aquella situació. M'havia quedat immòbil, sense mirar res en concret, fent-me un bon embolic amb els sentiments que el relat de la mare em despertava.

—El teu pare i jo sabíem que un dia t'ho hauríem d'explicar. El fet que siguis tan intel·ligent ens torbava. Com és que no se n'adona? Com és que no lliga caps? N'hem parlat sovint, mentre passaven els anys. Ell va marxar de casa quan eres tan petita... Havíem decidit revelar-t'ho un dia que estiguéssim tots tres junts. Aprofitar un dels seus viatges a Barcelona. —La mare negava amb el cap i em mirava amb molta tendresa.— Ara em sap greu no haver-ho fet en una d'aquelles ocasions, Emma, però no feies preguntes. No tenies dubtes. Eres una nena tan feliç... Quan tu i jo vam venir a viure a aquest barri, vam allunyar-nos de les persones que ho sabien i que t'ho podien haver dit. Tens tot el dret del món a estar enfadada, o decebuda amb mi, Emma. Ho assumeixo. Volia fer-ho de la millor manera possible...

—Això ja ho has dit, mama —la vaig interrompre.

La mare va assentir amb un cop de cap. Va tancar els ulls com demanant-me perdó. Em sentia nua, indefensa, perduda. Una sensació molt estranya. Com si em buidés, com si em desempallegués de la meva pell, dels meus ossos, dels meus cabells, de les meves extremitats. Com si algú, amb molta cura i procurant no fer-me mal, m'arranqués tot allò de mi que m'havia acompanyat sempre. De sobte el meu passat era buit. Se m'enduien els records, els regals, les fotografies que m'havien fet, els vestits que m'havia posat, les escoles on havia estudiat. Com si l'Emma que jo havia sigut fins aquell moment desaparegués i la suplantés una dona sense identitat, sense recursos, sense records. A qui dimonis havia dibuixat l'Abel tantes vegades?

—Tinc la gran sort d'haver criat una filla segura d'ella mateixa, Emma. Pren-te el temps que vulguis, però estic tranquil·la perquè et conec bé, i sé com ets, i endevino que sabràs trampejar de la millor manera tot aquest sotrac...

—Quina sort, mama —se'm va escapar, amb sarcasme.

Tenia raó, però. En aquells instants estava confosa i atordida, però el meu cap ja barrinava les possibles sortides. La futura recomposició d'aquell caos que em queia al damunt.

—Vols que et deixi sola una estona? —em va preguntar la mare.

Sola. Ja estava completament sola i buida.

—Vull saber-ho tot. D'on vinc. Per què soc aquí. Qui soc. Vull saber si podria ser la neboda que aquell home del mòbil buscava.

—Et diré tot el que vols saber, reina meva. Em ve de gust una copa de vi blanc.

—Necessito pensar una mica...

La mare es va incorporar per anar a la nevera. Jo observava els seus moviments habituals, però fins i tot allò que feia, el gest d'obrir la nevera, d'agafar l'ampolla pel coll, de buscar una copa a l'armari, tot em semblava fals, com si estigués fent teatre. «Ves a la merda, mama», vaig pensar. «Ets una mentidera compulsiva i sense ànima. Has jugat amb mi sabent que interpretaves un guió. T'odio, mama.» Però no vaig dir res. La vaig deixar sola a la cuina, amb la copa entre els dits, i vaig sortir corrent cap a la meva habitació sense evitar donar un cop de porta.

ELS PARES DE L'ALBA

1

El pare es va estar tres dies a Barcelona. No va poder allargar el viatge perquè inaugurava una exposició a Ginebra i volia supervisar el muntatge de les obres. Era el primer cop que el pare no s'allotjava en un hotel. Es va estar a casa, a l'habitació de convidats. Tot era estrany: era la primera vegada que, tenint consciència, jo vivia amb el pare i la mare sota el mateix sostre. Potser m'hauria d'acostumar a dir «els meus pares adoptius», ara que sé que també tinc uns pares biològics.

Els pares, tots dos, van ajudar-me a ressituar-ho tot i a tornar a ser l'Emma d'abans de saber la notícia. Durant els tres dies vam xerrar molt i vam sincerar-nos. Vam estimar-nos molt. M'agrada dir-ho així. Vam fer un munt de coses que normalment fan les famílies que s'estimen i que nosaltres tres no havíem fet mai. Tots dos van estar molt per mi; em van dedicar totes les hores del dia. Primer actuaven incòmodes, no només per les revelacions, sinó també a causa d'aquella estreta convivència que feia anys que no mantenien. Semblava que tenien por de ferir-me. Es disculpaven constantment. Em demanaven l'opinió i volien estar segurs que no es penedirien de respondre totes les preguntes que els fes. Perquè en vaig fer un munt: l'Emma tornava a ser l'Emma i en això també es notava. L'Emma pragmàtica, que tot ho analitza i que ho vol tenir tot sota control. El pare patia per si tot plegat podia enterbolir el final del curs, els exàmens i tota la pesca. Sincerament, durant aquells tres dies no vaig pensar en la universitat, ni en les proves, ni en els treballs. El tema que ens ocupava bé s'ho valia.

Penso que és diferent explicar una cosa tan grossa a una dona jove de divuit anys que, posem per cas, a una nena de tretze. És veritat que m'hauria agradat saber-ho abans, però no sé com ho hauria entomat aleshores. Tampoc sé com podia haver canviat la meva vida d'haver-ne sigut conscient. Com m'hauria afectat? No m'ho puc ni plantejar. Potser no vaig necessitar saber mai la veritat: la veritat era la vida que ells m'havien donat, i el meu món era el món que jo havia viscut gràcies a ells.

La mare va proposar, com fa sempre que viatgem juntes, envoltar-nos de bellesa per sentir-nos millor. Quan està deprimida o estressada, la mare busca refugi en les coses maques, especialment les pintures i els paisatges. El seu revitalitzant emocional són els museus i els paratges bells. Sempre diu que li costaria viure en un lloc on no hi hagués coses boniques. El matí del segon dia, un dissabte, la conversa amb els meus pares (encara em costa anomenar-los adoptius) va tenir lloc a la cafeteria de la Fundació Miró després d'haver passejat sense pressa per quadres com ara *Dona somiant l'evasió* o *L'estel matinal*, i més tard a la cafeteria exterior del MNAC, el Museu Nacional d'Art de Catalunya, a Montjuïc. La mare es va estar molta estona davant dels bodegons holandesos i espanyols del segle XVII, quieta i muda, repassant cada centímetre d'aquelles natures mortes que eren precioses i punyents, així les va definir, mentre el pare i jo voltàvem per les sales. M'agrada sentir el pare quan comenta els quadres. He visitat moltes exposicions i museus amb ell, i el que explica no és el que es pot escoltar a les audioguies. No li importa l'any, ni la vida del pintor, ni la història de com la pintura ha arribat a aquella paret. El pare comenta el que veu, i descriu els detalls que el pertorben o que el fascinen: un punt de llum, una pinzellada de blanc, una composició original i enrevessada. Especifica on ha vist aquell verd en la vida real; o quines ciutats o pobles que coneix li recorden els quadres antics. El mateix fa amb les obres abstractes i parla d'energia, del significat ocult d'una transparència, de la força centrífuga, de la gestualitat descarnada i de coses així.

La mare no pot tenir fills. Ho van confirmar unes anàlisis quan, després de provar-ho, va resultar inviable el fet de concebre. És una dona estèril que volia tenir un fill més que cap altra cosa al món. El pare, engrescat amb la seva carrera artística, no tenia la pressa ni la necessitat de la seva dona. Abans de plantejar-se qualsevol de les opcions que oferien les innovacions mèdiques sobre el tema de la fecundació, va sorgir la possibilitat d'adoptar-me. Jo sempre havia pensat que la mare no volia tenir més fills perquè ja no estava amb el pare. Fa uns anys va conèixer un home i van sortir junts una temporada. Ella sempre em va assegurar que s'ho passava bé amb ell, però que no veia cap futur en la relació. De la mateixa manera que el pare ha buscat de seguida una parella nova quan ha donat una relació per acabada, la mare sembla dona d'un sol home. Ara em pregunto si el fet de saber que no pot tenir fills ha condicionat, d'alguna manera, la seva nul·la intenció d'aparellar-se. «He nascut per ser una *single*», diu fent broma.

El desig de ser mare, aquest sí real i que la va turmentar durant els primers anys de convivència amb el pare, el va satisfer amb mi. No parint-me, com jo havia pensat sempre, sinó adoptant-me.

—No fou exactament una adopció, sinó una acollida —havia puntualitzat la mare la tarda que m'ho va explicar per primer cop, totes dues soles, assegudes al meu llit—. Més endavant ho vam formalitzar, o ho vam fer legal, perquè m'entenguis. Però en un principi només et vam acollir. Va sorgir l'oportunitat de fer-ho. Amb el teu pare havíem començat a interessar-nos per la fecundació in vitro, però no teníem res decidit. Fou aleshores quan algú ens va parlar de tu...

—Qui?

—Va ser el germà del teu pare, l'oncle Jesús...

—No el recordo. Quan va morir jo era molt petita.

—En Jesús tenia un col·lega. Un que també caminava pel costat salvatge de la vida, com cantava en Lou Reed... Aquell noi tenia una filla, i al teu oncle aquella criatura li feia molta pena, perquè el seu pare... —la mare va interrompre el relat tot fent que no amb el cap—. Em costa una mica parlar de tot això, reina, però ho he de fer. El teu pare ens ajudaria amb noms i dades que jo no vaig voler saber mai. Aquest era el tracte. Per covardia, per llàstima o per començar de zero, no vaig voler saber moltes de les coses que tu t'estàs preguntant ara.

—Aquell home, l'amic de l'oncle, maltractava la seva filla?

—No es preocupava d'ella. Quan el teu pare va parlar amb en Jesús sobre el cas de la filla del seu col·lega, només em va dir que la nena no rebia cap atenció... Era tot ben trist, Emma.

El pare em va proporcionar més dades, efectivament.

—En Jesús tenia negocis a mitges amb aquell home. Negocis il·legals, ja et pots imaginar. Eren drogoaddictes tots dos, Emma. En Jesús no concebia que el seu col·lega visqués sense tenir en compte la seguretat de la nena. Ni la seva alimentació. Es veu que la nena no tenia mare, això li va dir l'amic. També li va dir que no havia nascut aquí, sinó a l'estranger. Li va dir que la mare, estrangera també, els havia abandonat. Ell i la nena havien tornat a Catalunya. Me'n va explicar de molt grosses, el meu germà. Un dia, abans i tot de parlar amb la teva mare, li vaig demanar a en Jesús que me'ls presentés, per mirar d'ajudar-los, si més no. Va ser el primer cop que et vaig veure, Emma. Estaves asseguda a terra, només duies unes calcetes molles de pipí. Estaves arraulida en un racó de la cuina i tenies un crostó de pa a les mans. Havies plorat i tenies els ulls vermells i engrunes de pa al voltant dels llavis. Te'n devies fer un fart, de plorar. El teu pare biològic amb prou feines ens va poder obrir la porta del pis de tan col·locat com anava. Li va preguntar a en Jesús què volíem, però no va esperar cap resposta. Va dirigir-se a l'habitació i es va desplomar damunt del llit. Jo em vaig acostar on eres tu. Li vaig proposar al meu germà que truquéssim als serveis socials, que s'havia de fer alguna cosa amb urgència. «I si parlem primer amb la família de l'Ignasi? Deu tenir pares i germans.» Jo mateix et vaig anar a comprar menjar i roba mentre en Jesús provava de reanimar el seu amic i li demanava informació sobre la seva família.

La meva vida amagada i desconeguda començava, pel que es veia, amb aquella imatge esfereïdora. Jo havia sigut aquella nena afamada i bruta en mans d'un drogoaddicte. Jo era la que buscava un racó a la cuina per provar de menjar un crostó de pa sec. Els meus pares m'explicaven una història terrible de la qual, curiosament, jo n'era la protagonista.

Mai havia recordat cap d'aquelles vivències. Mai. No havia tingut malsons que em retornessin a aquella època. La meva ment no havia conservat ni una sola imatge d'aquell home, ni d'aquell pis, ni de les sensacions de pànic que la nena devia patir arraulida en el racó de la cuina. La mare em va dir que, quan em van tenir a casa amb ells, el primer que van fer va ser buscar ajuda psicològica. Em van dur a la millor especialista de Barcelona, la dona esvelta de la biblioteca i el bol de llaminadures. Aquell record el tenia. El cervell humà és al·lucinant: havia oblidat tot el dolor anterior, i en canvi tenia records de la meva salvadora.

—La Liz va fer molt bona feina. Us quedàveu soles a la seva consulta, però tu no tenies por. El primer dia que t'hi vaig acompanyar —em va explicar la mare— vaig proposar quedar-me amb tu durant la sessió, però la Liz s'hi va negar. «No li agradarà que marxi», li vaig assegurar. «Plorarà com fan tots els nens el primer dia que van a la guarderia o a l'escola.» La Liz em va dir que m'equivocava. «No plorarà, no pateixis. Potser pensarà que l'abandones i que no tornaràs més, és cert, però no plorarà perquè la nena hi està acostumada, a això. A persones que l'abandonen. A gent que sembla propera i un dia desapareix. És el que deu haver viscut tots aquests anys.» I tenia raó. Recordo que et vaig fer un petó i et vaig dir que de seguida et vindria a buscar. Tu et vas mantenir inexpressiva, Emma. Com si no t'importés gens ni mica que et deixés per sempre en mans d'aquella desconeguda. Em va fer molta pena.

Els pares van recordar que em costava molt comunicar-me amb el llenguatge. Van saber que havia nascut a Nàpols, al sud d'Itàlia. La mare biològica em devia parlar en italià. La Liz, la psicòloga, va assegurar als pares que jo entenia el català, però que no deia ni una sola paraula en la nostra llengua.

—El seu pare li devia parlar en català, per això ho entén gairebé tot. El que no sabem és si el parlava amb ell. A Nàpols o aquí. Hi ha nens que, a causa d'un trasllat territorial que els resulta traumàtic, decideixen no parlar per no haver d'utilitzar la llengua del nou país.

Quan tot això passava i jo ja vivia amb els pares i anava a la psicòloga, el meu pare biològic havia desaparegut. No només de la meva vida, sinó de la faç de la terra.

—Ho vam saber per la teva àvia, la mare del teu pare biològic. Ells no es podien fer càrrec de tu, i per això l'acord d'acollida i l'adopció posterior van ser molt més senzills i ràpids. Tenien dret de veure't de tant en tant, de saber com estaves. Les primeres setmanes vam estar en contacte, però progressivament van anar desapareixent. Penso que va ser molt millor així, tant per a tu com per a nosaltres —va argumentar la mare—. Un dia, però, aquella dona em va trucar i em va dir que el seu fill havia desaparegut sense deixar rastre. L'havien estat buscant pertot arreu. «No és el primer cop que passa», es va sincerar aquella pobra dona, «el meu fill és així. Quan va tornar amb la nena, feia cinc anys que no donava senyals de vida». No sabem si algun dia va tornar, perquè no hem vist mai més aquella família ni tampoc el teu pare biològic. Sempre ens han dit que hi ha gent que retroba familiars a través de les xarxes socials, però a tu, si no anem errats, mai ningú se t'ha posat en contacte.

Era cert. Ningú. Mai. Cap persona que estigués al corrent de la meva vida anterior secreta s'havia posat en contacte amb mi. Fins el dia que en Pau Llòria va tenir a les mans el telèfon perdut d'en Víctor i va fer la trucada que em va transformar la vida.

2

El dia que et vas posar en contacte amb mi el recordaré sempre.

—Pau? —la teva veu a l'altre costat del telèfon—. Soc l'Emma Bernal. L'Alba.

No puc recordar què et vaig dir, com et vaig saludar, què et vaig poder preguntar. Estaves serena. Jo, en canvi, estava fet un manyoc de nervis. Em vas proposar de veure'ns. Vam quedar l'endemà a la mateixa cafeteria del passeig de Sant Joan. No et vaig demanar què sabies, ni què t'havien explicat. El cas és que havies trucat, volies tornar-me a veure, i vas dir que eres l'Alba.

Vaig imprimir la llarga carta que t'estava escrivint i vaig entaforar els folis dins d'un sobre. Vaig estar temptat de trucar a la mare, però no ho vaig fer. Tampoc no li vaig dir res a en Raül. La resta del dia vaig deambular per casa com una ànima en pena. Ni tan sols vaig sortir a fer la caminada de la tarda. Vaig posar la televisió sense veure-la. Vaig preparar el sopar per al meu fill, però no vaig tenir esma de menjar amb ell a la cuina. A dos quarts de deu ja era al llit. A en Raül li vaig deixar una nota: tenia el sopar a la nevera. Jo me n'havia anat al llit perquè no em trobava bé.

L'endemà em vaig dutxar i afaitar. Potser feia quatre dies que no feia ni una cosa ni l'altra. Em sentia enèrgic i vaig caminar més del compte. Vaig suar tant que en tornar a casa vaig haver de dutxar-me una altra vegada. Vaig dinar poc, i mitja hora abans de la cita ja m'havia assegut a la cafeteria. Vaig tenir sort i la mateixa taula estava desocupada.

Vas arribar puntual. Em vaig posar dret i et vaig allargar la mà per encaixar-la. Tu vas somriure i vas abaixar els ulls. Et vaig convidar a seure.

—Gràcies per...

—M'agradaria, si no li sap greu, portar jo la conversa —em vas tallar. Ho vas fer amb timidesa, amb educació, fins i tot.— Si no li sap greu, insisteixo.

—No, i ara. És de justícia —vaig convenir.

Vas demanar un Nestea. De seguida em vas informar que havies parlat amb els teus pares. «Els adoptius», vas matisar.

—Són els teus pares. Els teus pares i punt.

—Sí. Els meus pares —vas rectificar.

Ells t'havien explicat tot allò que no havien fet en tants anys. Jo em moria de ganes de saber com havies reaccionat, i la manera com t'ho havien explicat, però no vaig badar boca. Havies posat les coses clares abans de començar i per això no et vaig interrompre ni una sola vegada.

—No em van parlar de vostè. Sí de la seva mare, la meva àvia, i del seu germà, el meu pare biològic. No sé si vostè i ells es van arribar a conèixer.

Te'm vas quedar mirant, i amb un gest vaig intentar esbrinar si volies que jo parlés. Vas assentir lleugerament amb el cap.

—Potser no em recorden, però sí, els vaig veure un parell de cops. Breument. Els tractes, però, els van fer amb la meva mare i el meu germà.

—Sap què se n'ha fet, d'ell? Sap on para?

—No. L'Ignasi va marxar i no ha tornat més. Tots aquests anys no ha donat senyals de vida. Ho havia fet altres vegades, però mai tant de temps. La meva família és molt desgraciada. El vam perdre a ell i et vam perdre a tu. Tot ha sigut molt difícil.

—Sé que l'Ignasi, el meu pare biològic, duia mala vida... És possible que s'hagi mort? Que s'hagués posat malalt o què sé jo...

—Sí. Tot és possible. Jo, personalment, estic convençut que l'Ignasi va tenir mala sort i va morir. T'ho dic de debò.

—És trist.

—Molt. Desesperant. Però no podem escollir la vida que voldríem. La mare, la teva àvia, sempre ho diu. Amb resignació, però ho diu, i això l'ajuda a tirar endavant. No sé si m'explico. El meu pare, el teu avi, va morir fa cinc anys.

Tu vas assentir. Després et vas encongir d'espatlles.

—Jo he tingut més sort. He tingut molta sort, vaja.

—I me n'alegro moltíssim —vaig afanyar-me a dir.

—Ha parlat amb la seva mare de... de mi? Li ha dit que m'ha trobat?

—No. Esperava parlar amb tu, abans. Ja t'ho vaig dir la setmana passada: aquí tu ets l'única cosa que importa i n'hem de tenir cura.

—Tot em ve de nou... Fa una setmana no sabia res de la meva vida d'abans. En pocs dies he hagut de descobrir molts episodis que desconeixia. Ho he d'assimilar de mica en mica. Soc una noia forta. La meva mare diu que això ajuda.

—I té raó, sens dubte...

—Vull dir que no sé si estic preparada per conèixer aquesta part de família biològica que tinc... No vull anar massa de pressa.

—T'entenc. Anirem al ritme que tu decideixis.

—Sí que vull saber moltes coses. Coses que els pares no saben amb exactitud, o que potser han oblidat en aquests anys. Vostè em pot ajudar molt.

—M'agradaria demanar-te que no em tractis de vostè. Potser no hi tinc cap dret, però...

—No em fa res. Et tractaré de tu. No m'importa...

—Potser volies marcar una distància amb mi i...

—No em fa res. No m'importa —vas repetir.

—Doncs t'ajudaré en el que em demanis. Et diré tot el que vulguis saber i quan ho vulguis saber. No parlaré amb ningú fins que tu no hi estiguis d'acord, Alba.

Després de pronunciar el teu nom es va fer un silenci estrany, tant per part meva com per part teva. Jo no sabia què dir.

—M'estimaria més que em diguessis Emma. Tota la vida m'he dit Emma.

—És clar.

—Reconec que et pot costar, però t'ho agrairia. Emma. Si més no de moment.

—I tant. Emma. És un nom maco.

—Per què me'l van canviar, el nom?

—Pel que jo sé, la teva mare no va voler saber res de la

teva història d'abans. Una de les condicions era aquesta: no li calia saber res. Crec que s'imaginava que havies tingut una vida molt desgraciada.

—I no és així? —te'm vas encarar, punyent—. Pel que m'ha explicat el meu pare, la meva vida amb el teu germà era terrible. Vull dir que malvivia en unes condicions... infernals.

No vaig poder reprimir un sospir ben fort. Què t'havia de dir, jo? Què t'hauria explicat el teu pare?

—No sé què t'han explicat ells...

—Que què m'han explicat? Doncs la veritat. La veritat pura i dura. Una nena de dos anys enfonsada en un pou de merda al costat d'un ionqui malalt i autodestructiu. Vostè em diu... tu em dius —vas rectificar— que la família m'heu trobat a faltar tots aquests anys i que heu lamentat la meva pèrdua. I jo em pregunto: on éreu aleshores? On era aquesta família que patia? Què dimonis fèieu per evitar que jo visqués com vivia? De debò que no ho entenc! Fa dies que no em pregunto altra cosa... On éreu? Per què no em protegíeu? Per què permetíeu que el meu pare, un drogoaddicte, em tingués al seu càrrec? Com és que no em vau treure d'aquell pis? Com és que no vau demanar la meva custòdia? Com és que no vau demanar ajuda?

T'havies excitat molt i havies apujat el to de veu. Fins i tot els veïns de taula es van girar cap a nosaltres per veure què passava. Te'n vas adonar de seguida. Vas esbufegar i vas fer un glop de beguda. Et vas passar la mà pels cabells, nerviosa.

—No serà fàcil —vas murmurar.

—Ningú ha dit que ho seria.

Vam restar una estona en silenci. Jo t'observava amb certa preocupació i respecte mentre jugaves amb els dits, que jo imaginava que entrellaçaves nerviosa damunt de la falda, sota la tauleta, amagats de la meva vista. Movies lleument el coll. Jo sabia que era complicat pair tota la teva història de cop i volta, amb totes les preguntes amuntegades, les preguntes complexes que no es podien formular alhora, que necessitaven ser contestades de mica en mica, sense pressa. Durant uns minuts vaig témer que t'incorporaries i marxaries, confosa. Però no ho vas fer.

—Segurament tens raó —vas dir finalment—. No són respostes senzilles.

—No, no ho són. Ja t'ho vaig dir la setmana passada: ningú vol fer-te patir, Emma. Ni jo, ni els teus pares. Ningú. Pren-te el temps que et calgui.

Vas assentir amb un cop de cap, sense mirar-me. Aleshores vaig treure el sobre que duia a la butxaca i el vaig deixar damunt de la taula.

—He començat a escriure una mena de carta dirigida a tu. Són uns quants fulls. Potser et serviran.

Vas repetir el moviment del cap, però no vas fer el gest d'agafar el sobre.

—Què saps de la meva mare biològica? —em vas preguntar.

—Pràcticament res. El meu germà la va conèixer a Nàpols. Tu vas néixer allà.

—És viva? És morta?

—No ho sé. No la vaig veure mai. Mai no va venir. L'Ignasi va arribar sol, amb tu. La teva mare us va abandonar. Segons l'Ignasi, és clar.

—No teníeu cap fotografia, cap adreça? Res?

Vaig fer que no i tu vas simular que acceptaves la resposta.

—En aquesta carta que t'escric, ella no hi surt. Em sap greu.

—Tenia curiositat —va semblar que et disculpaves—. Són tantes coses... tants misteris... Tens un fill, oi? —vas canviar de tema de cop i volta.

—Sí. En Raül. Te'n parlo a la carta...

—El meu cosí —em vas interrompre.

—Teniu la mateixa edat. Jo estic separat i ell viu amb mi. Ell no se'n recorda, de tu. Éreu molt petits quan us vau conèixer. Havíeu jugat alguna tarda, a casa dels avis...

—La meva mare no sap que hem quedat —em vas interrompre de nou—. No li he demanat què li semblava la idea de posar-nos en contacte. Ho he fet per iniciativa pròpia. Ella m'hauria dit que ara, a final de curs, amb els exàmens finals a la vista, no és el millor moment. Els meus pares estan separats, no sé si ho sabies.

—Sí, ho sabia.

—Visc amb la mare. El pare viu a París. Ha volgut estar amb mi aquest cap de setmana passat, però ja és fora. Jo ara em vull concentrar en la universitat. I ben segur vull mirar de tenir unes vacances d'estiu... normals. Les necessito. Em llegiré la carta. —Vas agafar el sobre i te'l va posar a la bossa sense obrir-lo.— No t'estranyi si no et truco fins al setembre.

Em vaig quedar mirant-te fixament. Tu devies clissar la desesperació en la meva mirada. Tot just estàvem a començaments de juny. Et vas encongir d'espatlles, com lamentant-te, novament. Vaig haver de fer el cor fort.

—És la teva decisió. S'ha de fer segons el teu parer.

—La veritat és que estic força... ofuscada. Ni jo mateixa estic convençuda del que t'acabo de dir. Potser demà m'agafa un rampell i necessito comunicar-me amb tu per aclarir coses...

—Hi seré quan em necessitis.

—Vols saber una cosa al·lucinant? Recordo algunes paraules en napolità. Sé que parlen un dialecte. És italià, però diferent. Ahir vaig buscar al youtube pel·lícules rodades a Nàpols. En vaig veure fragments de dues o tres. No entenc tot el que diuen, però sí que recordo paraules soltes... Mai de la vida m'havia passat pel cap que podia comprendre paraules d'una llengua que, en teoria, m'era desconeguda i llunyana. Vaig flipar, la veritat. Tinc la intuïció que el mateix em passarà amb la història dels meus primers anys de vida... vull dir que potser recuperaré coses que penso que tinc oblidades.

—I això et fa por?

—No, al contrari. Em fa gràcia —vas dir, i vas somriure per primer cop durant la conversa.

Vam encaixar les mans per acomiadar-nos. Aquest cop vas preferir que no t'acompanyés a la boca del metro. Vaig observar-te mentre t'allunyaves. Dins del meu cor vaig confirmar que recuperar-te significava començar a expiar els meus pecats.

3

Vaig trucar l'Emma divendres a la tarda. No pensava dir-li que l'Ona m'havia explicat allò de l'home i el mòbil d'en Víctor, però era realment intrigant que durant la setmana només m'hagués respost els whatsapps amb emoticones, sense escriure cap paraula. L'Emma és molt d'escriure frases xules. Hi té molta traça. Durant els caps de setmana, els de la colla ens trobem ni que sigui per anar a fer unes birres. Aquella setmana l'Emma no havia donat senyals de vida. L'Ona tampoc no en sabia res, i ens va suplicar que si la vèiem no li parléssim del tema del tio del mòbil.

L'Emma em va contestar la trucada, però em va dir que era amb els seus pares.

—El teu pare és aquí?

—Sí, ha vingut a passar tres dies. No compteu amb mi, Abel.

—Va tot bé, Emma?

—Sí, és clar! Fa segles que no passo un cap de setmana sencer amb els pares. Amb tots dos a la vegada! —va riure.

Va ser, doncs, un cap de setmana sense l'Emma. L'Ona no ens va saber dir res de nou, perquè malgrat que ella l'hi havia demanat cada cop que li trucava, l'Emma havia esquivat el tema de l'home del mòbil, el seu fals oncle.

Dilluns a la tarda, havent dinat, després d'un matí avorrit a la facultat, vaig tenir el rampell d'anar a buscar l'Emma a casa seva. En teoria, els dilluns a la tarda ella no feia cap activitat i solia estudiar, a casa o a la biblioteca del seu barri. Algunes tardes de dilluns les havíem passat junts, ella abocada sobre un llibre o llegint a la pantalla d'un ordinador mentre jo, en silenci al seu costat, la dibuixava. Al principi em demanava que no ho fes, que la desconcentrava saber que algú l'estava mirant mentre llegia complicats tractats de literatura comparada, però amb el temps s'hi havia anat acostumant i no li feia res que jo l'observés fixament mentre amb el llapis o el grafit anava esbossant retrats, mirant de copsar amb un sol traç la posició del seu cap, la indolència d'un braç damunt de la taula, d'una mà fent moure el ratolí de l'ordinador. Al cap d'una mitja hora, estic convençut que l'Emma s'oblidava completament de la meva presència. Fins i tot em va arribar a dir que el soroll de la mina del llapis fregant el quadern de dibuix la relaxava.

Aquell dilluns, just quan estava aturat al semàfor davant de casa seva esperant que es posés verd, vaig veure que l'Emma sortia del portal. No duia l'ordinador ni llibres sota el braç o dins de la bossa. Tampoc no va enfilar la direcció de la biblioteca. Primer vaig tenir la intenció de cridar-la, però m'ho vaig repensar a temps i vaig decidir seguir-la. No està gens bé, això d'espiar un amic. Em vaig sentir com si traís la confiança que ens teníem, però el tema de l'home estrany del qual ens havia parlat l'Ona em tenia realment capficat.

L'Emma va entrar a la boca de metro Entença, i jo ho vaig fer darrere seu. Vaig accedir al mateix vagó, per la porta més allunyada d'aquella per on ho havia fet ella. Anava ple de gent. Va baixar tres parades després, a Verdaguer. Va fer el transbordament cap a la línia groga, però no va agafar cap altre metro, sinó que va sortir al passeig de Sant Joan i va enfilar cap amunt. Caminava tan decidida i concentrada que estic segur que ni m'hauria vist si hagués passat pel seu costat. Va caminar pel mig del passeig i va alentir el pas quan s'acostava a la cruïlla amb el carrer d'Antoni Maria Claret. No es va arribar a aturar del tot, però gairebé. Tot d'una, com si hagués pres una determinació, va accelerar el pas, va creuar el carrer pel semàfor, i es va reunir amb un home que l'esperava assegut en una taula de la cafeteria Alaska que hi ha al xamfrà.

Jo no havia vist mai aquell home. Per la descripció que ens havia fet l'Ona, però, podia molt ben ser el del mòbil. Què hi feia l'Emma allà? Per què coi quedava amb ell?

Vaig estar esperant pels voltants, sense que ells em veiessin. L'entrevista va durar una mitja hora. Estava massa lluny per copsar les seves expressions.

De sobte, l'Emma es va incorporar, i darrere seu ho va fer l'home. Es van acomiadar amb una encaixada i l'Emma va refer el camí en direcció a la parada de metro. Vaig seguir-la.

Va passar de llarg la boca del metro. Caminava passeig de Sant Joan avall. Va travessar la Diagonal i va continuar baixant. De cop es va aturar. Jo la veia d'esquena, però pel moviment de les espatlles i la posició mateixa de l'esquena em va fer l'efecte que s'havia perdut. Desvalguda, empetitida, l'Emma va buscar amb el cap un lloc on seure. Va veure un banc desocupat i s'hi va apropar molt lentament, afeblida, com si de cop hagués patit un mareig o un atac de febre. La bossa de mà li va relliscar de l'espatlla i la va dur arrossegant per terra fins que va seure. Estava atordida. Vaig sentir una tristesa immensa per ella. Era una nena petita que no sabia on era.

Li va costar uns segons identificar-me quan vaig acostar-m'hi corrent. Mentre ella provava d'amagar el seu astorament, vaig decidir que no me n'aniria per les branques.

—Qui és aquell home de la cafeteria? Què vol de tu?

—Quin home...?

—Sé coses, Emma. No cal que dissimulis. L'Ona em va explicar com t'havia citat per donar-te el mòbil d'en Víctor. Està preocupada per tu, i jo també. Per això t'he seguit des de casa teva. He vist com et trobaves amb ell.

L'Emma em va mirar als ulls i es va encongir d'espatlles, com si en un instant decidís que tampoc faria comèdia davant meu. Es va escurar la gola i em va somriure de manera força barroera.

—Estic feta un embolic, Abel. M'ha passat una cosa molt forta...

M'ho va explicar mentre caminàvem. I ho vam fer tanta estona que vam arribar fins al mar. Sovint interrompia el seu relat per dir que hauria d'estar estudiant pels exàmens finals en comptes de passejar i garlar com una cotorra, però de seguida reprenia la història. Em feia, i es feia a ella mateixa, preguntes que cap dels dos no podíem respondre.

—Aquest és el gran problema. Que ningú té respostes. Potser només aquest home, en Pau. I no sé si estic preparada per sentir-les. O perquè sigui ell qui me les doni. És un rotllo. Un autèntic rotllo, Abel.

Jo havia parlat ben poc durant el llarg passeig que vam fer l'Emma i jo aquella tarda de dilluns. Tot era fascinant, però potser perquè allò no m'havia passat a mi, sinó a una altra persona. Si la història de l'Emma m'hagués passat a mi, segurament no utilitzaria aquest adjectiu. Les coses no passen perquè sí. Les coses passen perquè són, perquè no hi ha manera d'inventar que siguin d'una altra manera. La realitat és com és, ens agradi o no. No podem canviar-la, ni transformar-la, ni reinventar-la perquè sigui millor i no tan dolorosa. Això l'Emma ho tenia molt clar.

Vam baixar per una escala des del passeig marítim de la Barceloneta i vam seure a la sorra. Ja hi havia molts banyistes, la majoria estrangers, que gaudien d'una tarda gairebé d'estiu. Jeien damunt de tovalloles de colors, i els seus cossos nus resplendien de sol gràcies a l'efecte de les cremes bronzejadores sobre la pell. L'Emma va sospirar ben fort.

—Tot és tan com sempre i alhora tan diferent... —va murmurejar. Ella mateixa em va llegir el pensament:— Si haguessis dut llapis i bloc, m'hauries pogut retratar així de perduda. No semblo la noia de sempre, veritat?

—Però ho ets. En el fons, passi el que passi, ets l'Emma de sempre —la vaig contradir, tot i que ni jo mateix n'estava convençut.

A l'hora baixa, quan el sol se'n va anar definitivament enduent-se amb ell els últims banyistes, l'Emma i jo vam arribar a un seguit de conclusions. La primera era que ho havia de saber tot. Per molt mal que fes, l'Emma tenia tot el dret del món a saber què havia passat. Si l'únic que tenia les respostes era en Pau Llòria, aleshores l'havia de convertir en el seu interlocutor. D'aquí va sorgir la segona conclusió: jo, l'Abel, el seu amic, l'acompanyaria a les entrevistes. L'Emma s'havia sentit indefensa i dubtosa durant la d'aquella tarda, la que jo havia testimoniat des del meu amagatall. No podia tornar-se a repetir una situació d'impotència com aquella.

—Aquest és el pacte —vaig advertir-la—. Veure't amb en Pau és necessari, però no hi aniràs sola. Sempre t'hi acompanyaré. Li direm que soc el teu nòvio, si vols, o el teu millor amic. L'home entendrà la necessitat que hi hagi algú que et faci costat.

La tercera conclusió era que l'Emma havia de saber fins i tot les coses que en Pau no sabia. Coses que es referien als seus pares biològics, especialment. On eren ara, què se n'havia fet d'ells. En Llòria no ho sabia. No havia conegut mai la mare, la dona napolitana, i feia la tira d'anys que havia perdut la pista del seu germà Ignasi, el pare de l'Emma.

—Que no l'hagin buscat... que no hagin mogut cel i terra per trobar-lo, és problema d'ells. Però jo, com a filla, tinc el dret i l'obligació de fer-ho. Ningú no m'ho pot impedir —va assegurar amb convenciment.

Primer de tot eren els exàmens, va concloure l'Emma.

Acabar bé el curs. Després, parlar amb en Pau i fer-li totes les preguntes, i assumir totes les respostes, per crues que fossin. I tercer, tenia tot l'estiu lliure per mirar de trobar pistes dels desapareguts.

—Podria ser que l'Ignasi Llòria hagués tornat a Nàpols? —vaig preguntar-me en veu alta—. Fins i tot podria ser que hagués trobat la seva dona i tornessin a estar junts?

L'Emma pensava que no. I si per una remota possibilitat fos així, ben segur que haurien fet tot el possible per recuperar-la a ella. Ella, com a filla, formava part indissoluble d'aquella «agrupació familiar» (l'Emma va fer com si posés, amb els dits, les cometes a aquell concepte). No, opinava ella; els seus pares biològics no s'havien tornat a trobar mai més. No havia de buscar una parella, sinó dues individualitats.

—I de què serviria, trobar-los? —vaig demanar-li.

L'Emma em va mirar tendrament, i després va recolzar el cap damunt la meva espatlla. Estàvem asseguts a la sorra i s'havia aixecat una mica de vent agradable. Era la segona vegada que ho feia, això d'apropar-se tan íntimament a mi, en les darreres setmanes.

—Em voldràs ajudar a buscar-los, Abel?

Érem ben pocs aquells que estàvem al dia de les novetats en la història que vivia l'Emma. Tornant a casa en metro, em va demanar de no explicar absolutament res a ningú, a cap dels amics de la colla. No volia que «això meu» es convertís en el «tema de l'estiu». Havia pres la decisió d'ajornar temporalment les investigacions fins no haver fet tots els exàmens i haver presentat tots els treballs. En una altra persona, jo mateix hauria pronosticat l'incompliment de la resolució, però tractant-se de l'Emma era diferent: si es proposava un objectiu, era segur que l'acompliria.

—Quan acabi la feina —va dictaminar— t'asseguro que m'hi posaré en cos i ànima. Escriuré un correu a en Pau Llòria per comunicar-li la meva decisió. Li parlaré de tu i li demanaré de concertar una nova cita per a finals de mes...

—M'hi deixaràs assistir? —la vaig interrompre.

—No. Encara no. Vull veure com entoma el fet que hi ha algú que està al corrent de tot. Algú a part dels pares, vull dir. Els exàmens finals són la justificació perfecta per evitar trobar-me amb els de la colla durant les properes tres setmanes. No els vindrà de nou, perquè ja saben com funciono. Sí que parlaré amb la mare. Ella em podrà aclarir algunes qüestions. Llegiré la carta que m'ha escrit en Pau. També hi trobaré informació que desconec.

—Com pots ser tan... tan...

—Tan què?

L'Emma em va clavar els ulls sospitant que l'adjectiu que jo buscava era tirant a negatiu, però res més lluny de la realitat. Tan cerebral, tan meticulosa, tan ferma.

—Tan obsessiva? Tan freda? Tan calculadora? Tan insensible? —va preguntar, visiblement contrariada.

El daltabaix emocional ben segur que l'havia fet més forta.

—No t'estranyi —em va dir mentre ens acomiadàvem davant de casa seva al carrer Còrsega cantonada Calàbria— si et demano que m'acompanyis a Nàpols.

—Vols anar a Nàpols? Sense saber si...

—És només una idea —va advertir-me.

I, sense més ni més, em va acomiadar amb un fugaç petó als llavis. No ho feia des de l'època que havíem sortit junts, dos anys enrere.

Vaig acomplir escrupolosament les seves indicacions i no vaig parlar del tema amb els col·legues durant aquelles tres setmanes. L'Ona, a qui vaig veure el dissabte següent, tampoc ho va fer. A en Víctor, a en Jordi i a mi, però, ens va anunciar que havia parlat amb l'Emma i que el tema de l'home estava resolt. «M'ha dit que l'home està malament del cap i que l'havia confós amb una altra persona. El món és ple de sonats», va sentenciar. Especialment difícil va ser el cap de setmana que vam passar junts a l'apartament que els pares d'en Jordi tenen a Calella de Palafrugell. A tothom li resultava estrany que l'Emma, malgrat la seva manera de ser responsable, no s'ho hagués organitzat per venir amb nosaltres aquell dissabte.

—Que no s'hagués quedat avui a dinar ho trobaria normal —va observar en Jordi, l'amfitrió, el migdia del diumenge—, però que no s'ho hagi pogut muntar per sopar i dormir ahir amb nosaltres...

—S'està prenent la vida universitària a la valenta! —va comentar en Víctor.

Algun cop a la setmana intercanviàvem whatsapps, l'Emma i jo. Em deia que estava bé, centrada, il·lusionada amb el final de curs. Em recomanava no amoïnar-me amb el «tema», i que ella, la més interessada, ho manegava amb sang freda, paciència i autocontrol. «Soc una dona amb capacitats!», va escriure. Jo no en tenia cap dubte. Acabes de descobrir que no ets filla de qui et pensaves; que has tingut un passat obscur amb un pare que et descuidava; que has nascut en un altre país i has sigut abandonada per la teva mare biològica poc després de néixer. T'has enfrontat als teus pares, que mai t'havien dit que el teu passat era un altre de diferent, que havien callat, o directament t'havien mentit sobre els teus orígens... I et quedes tan ampla! Aquesta era l'Emma Bernal de qui jo m'enamorava. I a més a més, saps que hi ha un tio que sap tot allò que voldries saber i no corres com una desesperada a buscar-lo perquè t'ho expliqui... Inaudit. La meva Emma. En fi.

Vaig acabar el meu segon any de carrera sense gaires problemes. Em va quedar una matèria pendent, psicologia de l'art, perquè m'havia saltat la majoria de les classes i ni tan sols m'havia presentat a l'examen de juny. L'únic incident remarcable, per curiós, va ser la confessió (amb la complicitat de l'alcohol) que em va fer un company de curs, en Martí Sotorra, el dia de la festa que van muntar els del meu curs en una discoteca del Poblenou. En Martí, amb qui seia de costat a les classes de dibuix del natural i de tècniques de gravat, es va sincerar aquella matinada per dir-me que li vindria de gust enrotllar-se amb mi. Em vaig quedar de pedra. Em diuen sovint que no estic massa al cas de les coses que passen al meu voltant. Que soc despistat de mena, i segur que tenen raó. Però la veritat és que ni en un sol moment m'havia passat pel cap que aquell tio s'hagués fixat en mi. Que era gai sí que ho sabia. Ho sabia tothom, vaja.

—No soc gai, Martí. Estic enamorat d'una tia des de fa molt de temps. T'he parlat d'ella un munt de vegades.

—És aquella que surt dibuixada al quadern?

—Sí. És ella. No m'he fixat mai en un tio —vaig fer un glop de beguda i vaig afegir—. No m'he fixat mai en tu.

—Oh. Ok —es va limitar a dir.

—Em sap greu —vaig concloure, i vaig reblar el clau—. No em sap greu, exactament. Vull dir que no hi puc fer res. Perds el temps furgant en aquest pensament. No sé si m'explico.

—I tant —va fer en Martí.

A finals de juny en Víctor i en Jordi van proposar de fer un viatge junts durant l'estiu, a finals de juliol o principis d'agost.

—Ara per ara, no compteu amb mi —vaig dir-los—. Segurament buscaré curro. I si no treballo, tinc altres plans.

—Ah sí? Quins plans, si es pot saber?

—No. No es pot saber. De moment.

—Oh —va fer en Víctor, que semblava tan decebut i intrigat alhora com ho havia sigut en Martí Sotorra després de la seva frustrada declaració d'amor—. Ok.

Finalment, l'última setmana de juny, l'Emma em va trucar i em va preguntar si podia comptar amb mi per fer-li costat en una futura entrevista amb en Pau Llòria. «Li diré que m'acompanyarà un amic i no crec que hi posi cap pega.»

—Li diràs que soc el teu nòvio?

—No. Només un amic.

—Oh. Ok.

4

L'Alba em sorprenia cada dia que passava. El fet de retrobar-la em revitalitzava i m'empenyia a canviar no només el ritme de les hores del dia, sinó també del meu tarannà. Si l'entrevista que vam mantenir a la mateixa cafeteria del passeig de Sant Joan va estar a punt de ser un fracàs per culpa del seu atabalament i precipitació, excusables i justificats tots dos, de mica en mica, molt més serena i seguint el seu propi impuls ordenat i meticulós, la nostra relació va avançar de manera natural i sense entrebancs.

L'Alba em va trucar l'endemà mateix. Havia llegit la carta i assegurava que tenia moltes preguntes per fer-me. De seguida em va advertir: estava preparant els exàmens de final de curs, i havia d'enllestir un parell de treballs que feia amb unes companyes. La seva intenció era acabar el tema estudis i posposar la recerca del seu passat. Però just ho acabava de dir que ja frisava per aclarir molts dels interrogants que la lectura de la carta li havia plantejat; coses sobre el meu germà, sobre la meva dona, sobre els meus pares; mil preguntes sobre el tràmit d'acollida...

—Però considero que és millor esperar que hagi acabat els exàmens, Pau, perquè em conec, i sé que m'atabalaré si descontrolo les hores d'estudi... Tot i que no sé si podré viure sense saber totes aquestes coses que em neguitegen... estic feta un embolic —va acceptar, i se li va escapar una rialleta.

Dos dies després em va tornar a trucar. Encara no havia comunicat a la seva mare que s'havia posat en contacte amb mi, i no sabia si feia bé a amagar-l'hi. Em demanava de veure'ns, encara que només fos una estona, abans d'anar a la biblioteca. Li vaig repetir que jo estava a la seva disposició; que ja sabia que jo no treballava i que podia dedicar-li tot el temps del món. Vam quedar en una cafeteria que hi ha davant de la biblioteca del seu barri («així xerrem una mica, si et sembla, abans de posar-me a estudiar amb les companyes de la facultat»). Em va demanar si tenia fotos. Fotos d'ella quan va arribar de Nàpols; fotos del seu pare biològic, fotos dels avis, fotos del pis on havia viscut de petita. «Buscaré i et duré el que trobi», li vaig prometre. Va arribar a la cita amb una bossa en bandolera on duia l'ordinador portàtil. Em va semblar que dubtava de si fer-me dos petons, tot i que al final em va allargar la mà per encaixar-la.

—Estic molt enfeinada, Pau. Has dut alguna foto? Si et sembla, avui m'agradaria només mirar les fotos.

Vam seure en una taula, a l'interior del bar. Havia ficat en un sobre les quatre imatges que li duia. Dues pertanyien a la celebració que vam fer el dia del seu tercer aniversari que, curiosament, coincidia amb el de la meva mare. Ho vam celebrar a casa dels pares, on ella i l'Ignasi havien viscut fins que en van marxar per anar a un pis de lloguer. Al menjador de casa dels pares hi érem tota la família, i tots, menys jo, que vaig fer les fotos, apareixen en les imatges. En la primera, l'Alba és asseguda a la falda de la meva mare, al sofà. A la dreta hi ha el meu pare, i a l'esquerra hi seu l'Ignasi, que es mira embadalit la seva filla. A terra, als peus del sofà, hi ha la Irene i en Raül, que du un xumet a la boca, i la filla d'uns veïns, una nena de sis o set anys. A la segona foto, l'Alba i la seva àvia fan el gest de bufar les espelmes d'un pastís casolà que hi ha damunt de la taula. Els altres personatges apareixen, riallers i contents, darrere de les protagonistes.

—És el primer cop que em veig a mi mateixa de tan petita —va dir l'Alba, entendrida—. Els pares sempre em deien que aleshores passaven del món digital i que, si m'havien fet alguna foto acabada de néixer, l'havien perdut en ves a saber quin coi de carpeta de l'ordinador! La primera imatge que conservo és del dia que vaig fer quatre anys. Que curiós! —es va meravellar—. Només havien passat tres-cents seixanta-cinc dies entre una foto i l'altra, i en canvi pertanyen a dues vides diferents... Tu mai no m'havies vist en la nova vida...

—Només un cop —vaig haver de reconèixer.

—Quan?

—Fa molt de temps. Eres una nena de sis anys. Va ser de casualitat. Recordo que era pels voltants de Nadal. Vaig entrar en un centre comercial a comprar una joguina per al teu cosí i us vaig veure, el pintor, el teu pare, vaja, i a tu. Anàveu agafats de la mà. Saps què és el que em va sorprendre? Que parlàveu. Abans no deies res, i aleshores garlaves sense parar. No sé què li devies explicar mentre passejàveu per aquells passadissos farcits de jocs infantils.

—No ho recordo...

—No us vaig dir res. Em vaig quedar palplantat i vaig ser incapaç d'apropar-me. Et vaig estar mirant una estona, fins que us en vau anar. No vaig dir a la mare que t'havia vist. No vaig dir res a ningú.

L'Alba va assentir amb un cop de cap. De seguida va enfocar els ulls a la tercera foto, que estava feta a la platja de la Barceloneta. L'Alba, nua de pèl a pèl, cavalcava sobre el ventre del seu pare, que jeia en banyador damunt d'una tovallola de colors vius. Hi havia força gent al voltant, però no es distingia cap rostre. Devien ser amics de l'Ignasi: el tipus de persona que l'Alba no voldria conèixer.

A la darrera foto que li vaig dur, l'Alba estava sola. Es devia estar fent un fart de riure. Vestia una samarreta blanca de tirants i estava guapíssima. L'Alba adulta es va emocionar en veure aquella estampa de felicitat.

—Que contenta estava! —va murmurejar.

No li vaig dur més fotos, tot i que en tinc unes quantes. En una d'elles, l'Alba plora desconsolada en braços de la meva mare. En una altra, la darrera que li vam fer, els que estan fets un mar de llàgrimes són els meus pares. La vaig voler fer l'últim dia que va passar amb la nostra família, hores abans d'anar-se'n a casa de l'artista i la seva dona. Tot arribarà, vaig pensar.

L'Alba ho va voler saber tot, de les fotos. Qui eren els retratats, els noms, les edats. Va fixar-se especialment en el seu pare, el meu germà Ignasi.

—És atractiu. Se'l veu molt jove —va dir—. Penses que m'hi assemblo una mica? Jo m'hi reconec del nas per avall!

L'Ignasi sempre havia dit que la nena havia sortit a la seva mare, i ben segur que tenia raó. Si l'Ignasi era rossenc, la mare de la seva filla era morenassa. Sé que era molt jove, més jove que ell, i que provenia d'una bona família napolitana. La noia devia esgarrar el seu camí, el mateix que va fer el meu germà. L'Alba trobava l'Ignasi atractiu a les fotos, però en realitat estava molt desmillorat. Quan va tornar d'Itàlia semblava una altra persona. Es va refer, la veritat és aquesta, amb les atencions i els menjars que li preparava la mare, però de seguida va tornar pel mal camí. L'Ignasi sempre havia tingut molt bona planta. D'adolescent era com un àngel i totes les noies li anaven al darrere. Més tard, quan va tornar amb la seva filla i se li va fer impossible continuar vivint a casa dels pares, va començar la seva decadència. Vaig estar a punt d'explicar el procés degeneratiu del meu germà a l'Alba, que contemplava embadalida les fotos, però no ho vaig fer.

—No sempre vaig ser una nena desgraciada... —va murmurejar, com si parlés amb ella mateixa.

—Al contrari, Emma. Vas ser una nena feliç. Si més no durant una temporada.

Ella va assentir amb un cop de cap, somrient i sense apartar els ulls de les imatges que havia desplegat en forma de ventall damunt de la taula del bar. Després va sospirar molt fort i va dir que havia de marxar, que l'esperaven les companyes.

—Queda't les fotos. Són teves.

M'ho va agrair molt. Les va posar dins del sobre i les va desar en una de les butxaques interiors de la bossa de l'ordinador. Em va prometre que em trucaria per quedar un altre dia.

Sortint del bar, emocionat per com havia anat la trobada, vaig tenir una debilitat. Ja era al carrer i tot just començava la tarda. Feia un dia brillant i calorós. Havia parlat amb l'Alba. Totes les circumstàncies positives em van fer decidir anar a visitar la mare a la residència d'avis on vivia. Mai anava a veure-la entre setmana: ho feia sempre diumenge a la tarda, setmana sí i setmana no. Ho feia com una obligació. Ho feia perquè els fills han d'anar a veure les mares, encara que no els vingui de gust, encara que ho hagin de fer a la força. Si no hi anava jo, no hi anava ningú. Aquella tarda, doncs, em trobava en un estat d'eufòria i vaig pensar que un acte de generositat no afebliria, ans al contrari, la sensació de plenitud.

Vaig agafar el metro per recórrer la llarga distància que em separava d'ella. Sempre que anava a la residència d'avis a Santa Coloma de Gramenet era com fer un viatge al passat. Mentre avançaven les parades de metro, jo anava perdent anys i quan hi arribava tornava a ser el Pau de quinze anys enrere. Era una sensació vomitiva.

Vaig trobar la mare a la sala gran. Seia, endormiscada, en la seva cadira de rodes, envoltada d'altres homes i dones com ella; gent a qui s'havia arraconat en aquell espai intemporal que semblava un hotel tronat de la dècada dels setanta. No hi passava el temps, en aquelles sales plenes de mòmies en vida. La infermera de la recepció es va estranyar en veure'm arribar. «No l'espera. Li donarà una sorpresa», va dir, però en el fons tant ella com jo sabíem que no seria així: la mare no se sorprendria de veure'm, ni m'ho tindria en compte. Fins i tot la podria molestar que hagués trencat la rutina dels diumenges alterns. Sempre he pensat que ens passa el mateix: jo accepto l'obligació d'anar-la a veure de tant en tant, i ella accepta la de rebre'm.

—Mare. Soc jo —vaig despertar-la prement-li amb suavitat una espatlla.

Ella va alçar el cap i va parpellejar abans de reconeixe'm. No em va saludar ni va somriure. Es va limitar a mirar-me amb expressió de fàstic, com feia sempre.

—És diumenge, avui? —va preguntar.

—No.

—Ha passat alguna cosa? Està bé en Raül?

—Sí. Tot bé. Se m'ha ocorregut que podia venir a dir-te hola. Fa una bona tarda.

—Aquí dins totes les tardes són iguals.

Impassible, sense dir res més, va restar deu minuts ben bons en un silenci sepulcral. Tenia la mirada perduda en algun lloc de la sala. Jo havia agafat una cadira i m'hi havia acostat. La mare i jo, cada diumenge de visita, ens refregàvem el nostre fracàs en silenci, l'un al costat de l'altra. Cap dels dos tenia la més mínima intenció de canviar el curs de les coses. Fins aquell dia.

—He començat a buscar l'Alba —vaig anunciar.

—Estàs boig —va escopir ella—. Estàs com una cabra.

Va parlar fluixet, en un murmuri, sense mirar-me. Es

va apropar una infermera que carregava una safata plena de píndoles que anava distribuint entre els residents.

—Que bé que hagi vingut el seu fill, oi, Consol? Quina sorpresa!

La mare no va dir res. Va obrir la boca perquè la infermera hi introduís la píndola i després va fer un glop d'aigua que la dona li acostava als llavis. Quan la infermera va haver marxat, la mare va girar el cap i em va observar des d'algun lloc llunyà que jo desconeixia.

—No ets el meu fill.

—Ah no? I qui soc, doncs, vella guillada?

La mare no va canviar l'expressió del rostre.

—Ets el meu malson.

Havien passat vint minuts de la meva arribada quan em vaig incorporar, vaig deixar la cadira al seu lloc, tocant a la paret, i vaig tornar amb la mare. Li vaig posar una mà a l'espatlla.

—Adeu, mare.

Ella no em va contestar. Va abaixar els ulls, ignorant-me. Vaig fugir d'aquell infern com ho feia cada dos diumenges, i no va ser fins que vaig ser al vagó del metro que no vaig recuperar la mínima dignitat que tot ésser viu necessita per tirar endavant.

Estimada Alba: trobo que em sento bé dirigint-me a tu a través de la paraula escrita. Per això, abans no ens tornem a veure, he decidit continuar explicant-te coses a través d'aquesta carta que teclejo a l'ordinador. Fa dos dies que no rebo cap trucada teva. Durant aquests dos dies, en Raül no ha passat per casa. No sé on dorm, ni amb qui. No en tinc ni idea ni m'importa. Ja et vaig avançar que la relació amb el meu fill és més aviat distant i força turmentosa. Potser és a casa de la seva mare, la teva tata Irene, o ves a saber si ha conegut algú a l'escola on cursa el mòdul. No crec pas que sigui una noia. Cap noia amb dos dits de front s'enduria en Raül a casa seva. Més aviat penso en un grup d'amics; un pis d'estudiants anàrquics, d'aquests que no cuinen mai ni es renten mai la roba. Un pis ple de fum i d'ampolles de cervesa per terra. Tot el sant dia enganxats als videojocs, sense dormir, sense anar a classe, sense baixar al súper a comprar, encarregant per telèfon una pizza per dinar i una altra per sopar. No em preocupa, si vols que et sigui sincer.

Provaré d'aclarir-te, fins on pugui, les preguntes que em vas fer a la cafeteria. On érem, em vas demanar, desesperada, i per què no vam fer res just abans que el pintor i la seva dona es posessin en contacte amb el teu pare i negociessin, suposo que es pot dir així, el tema de la teva adopció o acollida. On era jo, on eren els meus pares. Per què no vam fer res per protegir-te, per salvar-te.

L'Ignasi, quan feia un parell de setmanes que havíeu tornat de Nàpols, va dir que es posaria les piles; que tenia la intenció de buscar feina i pagar-se un pis de lloguer.

Em va trucar un dia per si podia ajudar-lo. Jo aleshores tenia contactes i em relacionava amb empresaris i juntes d'administració d'institucions importants. Les coses m'anaven bé. No em va demanar calés, Alba, sinó feina. Vaig contenir les ganes de posar-me a riure per telèfon, i ho vaig fer per tu, Alba, per donar-li una última oportunitat ara que existies. «De qualsevol cosa, Pau, a qualsevol lloc. Qualsevol feina m'anirà bé per poder donar de menjar a la meva filleta», em va dir textualment. Tu no tenies la culpa que el teu pare fos així. Un irresponsable impenitent i un impresentable. L'havíem ajudat molt, això ja t'ho vaig escriure, Alba, i sempre ens havia fet quedar malament. Jo no estava disposat a una altra ensarronada, però aquell cop hi eres tu. «Miraré què hi puc fer», li vaig dir.

Una tarda que vaig passar a veure els pares (i a veure't a tu), la mare em va parlar a la cuina. Em va explicar que l'Ignasi no estava bé. S'absentava de casa cada dia i no tornava fins entrada la matinada. Ells es feien càrrec de tu, i ho feien de gust, creu-me, però van detectar de seguida que el meu germà havia abandonat el seu posat de bon noi penedit de la tornada de Nàpols. «Em temo que ha tornat a la vida d'abans, Pau. Als amics i als negocis, ja saps a què em refereixo. I aquest cop té una responsabilitat que abans no tenia. Em fa patir, aquesta nena», es va lamentar la mare. «Parla amb ell, Pau. Fes-lo reflexionar. L'hem d'ajudar com sigui.» Quan vaig aconseguir-li una feina de conserge en una institució força important, m'ho va agrair. «Per fi podrem marxar de casa els pares. M'hi ofego, allà dins.» Amb el primer sou a la butxaca va decidir buscar un pis de lloguer. En va trobar un al barri d'Horta a través d'una coneguda dels pares. Us hi vau traslladar al mes següent. «Què en faràs, de la nena, mentre ets a la feina?», li va preguntar la mare. A les vuit del matí l'Ignasi et deixava a casa dels pares i et recollia a la tarda quan plegava. Les primeres setmanes tot va rutllar més o menys bé. Després, progressivament, l'ordre es va esgarriar. L'Ignasi trucava a la mare des de la feina i li demanava que es quedés la nena unes hores més, que li havia sorgit una feineta extra, o que havia de presentar-se a una entrevista per optar a una plaça millor. Sovint no passava a buscar-te i et quedaves a dormir a casa els avis. La Irene, la meva dona, estava indignada: «Pel teu fill no fan res! Jo vaig com una desesperada tot el sant dia i mai s'han ofert per tenir cura d'en Raül!». Jo li deia que nosaltres érem dos i que era natural que ajudessin l'Ignasi ara que semblava que volia redreçar la seva vida.

De cop, un dia va anunciar que havia deixat la feina de conserge perquè n'havia trobat una de molt millor. Menys hores i més sou, va dir-nos. També havia trobat una veïna del seu barri que treballava de mainadera. «Em passaré el dia voltant en cotxe, perquè és una feina de comercial. M'estimo més deixar la nena amb la senyora Carmen, que viu a tocar de casa, i no fer-vos estar pendents de l'Alba tot el dia. Li pago un sou, a aquesta senyora. L'Alba no és l'única nena de qui té cura.» A través del meu contacte a la institució on l'Ignasi treballava de conserge vaig saber que no havia plegat, sinó que l'havien fotut al carrer, i em vaig començar a amoïnar de debò per tu. Un dia vaig escapar-me de la feina a mig matí, vaig recollir la mare a casa seva i vam anar a Horta. Feia una setmana que no et vèiem, Alba, i volíem saber com estaves. L'adreça de la tal senyora Carmen era falsa: el número d'aquell carrer ni tan sols existia. La mare, nerviosa, va decidir que ens acostaríem al pis on vivíeu. No ens hi havia convidat mai, però havíem ajudat l'Ignasi durant el trasllat. Ens va obrir la porta. Anava en pijama i sense dutxar. «Què hi feu, aquí?», ens va etzibar. «No ets a la feina?», vaig voler saber. «Estic de baixa. He estat tres dies amb la grip», ens va mentir. «Volem veure la nena», va suplicar la mare. «És a casa de la mainadera», va respondre. Jo li vaig dir que veníem d'allà i que havíem descobert que ni la senyora ni l'adreça existien. Tot d'una, et vam sentir plorar. «Aneu-vos-en!», ens va escridassar l'Ignasi, fora de si. «Estàs malalt, noi! Tens un problema greu. La nena no en té cap culpa!», vaig escridassar-lo jo també. Aleshores va aparèixer una dona en calces, una dona que s'acabava de llevar. «Què collons passa?», va preguntar quan va ser al costat de l'Ignasi, i aleshores ell ens va tancar la porta als nassos.

La mare va seure en un esglaó de l'escala i es va posar a plorar, desconsolada. Vaig pensar que teníem l'obligació de trucar als serveis socials de l'ajuntament i denunciar la conducta de l'Ignasi. «Denunciar el teu propi germà? On s'és vist, això?», es va escandalitzar la mare. «L'hem de fer entrar en raó. Això és el que hem de fer.»

Aquella mateixa tarda, l'Ignasi es va presentar a casa els pares amb tu. Hi va anar a disculpar-se, a demanar perdó i a prometre que mai més no tornaria a passar. Que s'avergonyia de com havia actuat aquell migdia. Va culpar la dona amb qui convivia. «Però no us cal patir. L'he fotuda al carrer, avui mateix. No em convé estar amb ella, perquè és una persona tòxica.» La mare em va explicar que estaves contenta, i que anaves neta i ben vestida. Que fins i tot t'havies engreixat una mica. L'Ignasi i tu us vau estar tota la tarda amb ells. Vau sortir a passejar. La mare estava amoïnada pel tema de la mainadera fantasma. «No et devies apuntar bé l'adreça, mare. L'Alba hi va molt a gust, a casa la senyora Carmen. Avui no hi ha anat perquè jo estava malament. No has de patir per res, mare. La nena està sana i és feliç.» La mare m'ho va explicar tot per telèfon. Burra, vaig pensar. Com permets que el pocavergonya t'entabani d'aquesta manera...

Era inevitable mantenir una conversa amb el meu germà. Amenaçar-lo i deixar-li les coses clares. Podia enredar els pares, però a mi no. Jo era l'única persona amb seny en aquella família, i era qui havia de buscar una solució. Vaig trucar a un advocat amic meu i li vaig demanar informació sobre temes d'acollida i custòdia de familiars a càrrec. Ho vaig fer, Alba. Vaig sospesar la idea de separar-te del camí autodestructiu del teu pare i convidar-te a formar part d'una família normal. Bé, allò que jo pretenia que fos una família normal.

Estic plorant, Alba. Tu no ho veus, però estic plorant. Continuaré un altre dia.

5

No vaig dir res a la mare fins que ella em va preguntar si pensava posar-me en contacte amb en Pau Llòria. Era la darrera setmana de juny i aquell migdia havia fet l'últim examen del curs. Amb els companys de la facultat ho vam celebrar anant a dinar junts a una pizzeria. A la tarda, en comptes de passar per casa, em vaig acostar al Born, a la galeria de la mare. No hi havia ningú. L'estiu és una mala època per a aquesta mena de negocis.

—A darrera hora entren els turistes a tafanejar. Això fa que els dies no siguin tan avorrits!

Vam seure a la seva taula. Ella mateixa va obrir una ampolla de cava, les que guardaven a la nevera per als dies d'inauguració, i vam brindar pel final de curs. I va ser aleshores quan em va preguntar per en Pau Llòria. Molts vespres d'aquell mes, quan ella arribava a casa i sopàvem juntes, parlàvem sobre el meu tema, és clar. La mare exposava les seves sensacions, les d'abans i les d'aleshores, i rèiem i ploràvem juntes. La mare mirava de recordar coses, i me les explicava. Sovint es disculpava pel fet de no haver-me'n dit res durant tants anys. Deia que se sentia culpable, però insistia que havia actuat de la manera que el cor li dictava. La intenció era no fer-me patir. No fer-me patir mai. Mirat des d'aquest punt de vista, el seu objectiu s'havia acomplert: jo havia tingut una infantesa i una adolescència feliç.

—Sí, mama —li vaig confessar—, estic en contacte amb ell.

—Us heu vist? Heu parlat?

—Sí. L'he vist unes quantes vegades, i també hem parlat per telèfon.

Es va quedar callada, com si el meu comportament l'hagués decebut profundament.

—No t'ho puc retreure —es va lamentar.

—No, mama. No pots. No m'ha perjudicat veure'l. Creus que hauria canviat alguna cosa si t'ho hagués dit abans?

—No. Suposo que no. —Va fer una pausa llarga que va aprofitar per sospirar profundament i es va eixugar una llàgrima que li corria galta avall.— Has vist la seva mare, també?

—No. En Pau m'ha assegurat que encara no ho sap ningú de la seva família. Ni tan sols el seu fill.

La mare es va estar una bona estona observant-me amb tendresa.

—No m'agrada aquella família, Emma —va negar amb el cap—. No m'agradaria tornar-los a veure. T'ho dic de debò.

—En Pau sembla bona persona... —vaig repetir.

—No em trauré mai del cap aquella pobra dona —va dir ella, sense escoltar-me—. La teva àvia, vull dir... quina desgràcia, Emma.

—En Pau no sap res de la meva mare biològica. La dona napolitana. Diu que no la va veure mai, ni tan sols en fotografia. Diu que l'Ignasi Llòria mai els parlava d'ella. Aquella dona és un misteri. En tota la història només hi té un paper secundari. Em va parir, lluny de tots ells, i va desaparèixer de les seves vides abans d'entrar-hi. La seva funció va ser parir-me i desaparèixer.

—L'Ignasi Llòria te'n podria dir coses —va mormolar la mare.

—Ell tampoc no hi és. Les persones que em van engendrar són dos fantasmes.

I va ser aleshores, durant aquella conversa, que vaig tenir una idea. L'única persona que em podia dir coses de la meva mare biològica era jo mateixa. La família Llòria no en sabia res (o això és el que afirmava en Pau); l'Ignasi havia desaparegut, i el meu oncle Jesús, l'únic que podia haver sabut coses de llavis de l'Ignasi, havia mort feia molts anys. D'aquesta manera, vaig pensar aquella tarda asseguda a la galeria d'art de la mare, jo era l'única que havia tingut contacte directe amb la dona napolitana. Jo l'havia vista, jo hi havia parlat. Jo sabia el seu nom, i havia conegut el tacte de les seves mans quan m'acaronava. Jo m'havia alimentat probablement de la llet que sortia dels seus pits. Jo m'havia adormit als seus braços. Jo havia après a parlar a través de les seves paraules.

Aquell jo, però, tampoc no hi era. L'Emma d'avui ja no era la nena d'abans. Fins i tot es deia d'una altra manera. I no tenia records. Un nen difícilment té capacitat a la memòria per recordar coses que han passat abans dels quatre anys de vida.

Però sí que existia una persona que va tractar íntimament aquella nena que jo era aleshores. Una persona que havia atès l'Alba desorientada i li havia fet una teràpia en una sala que tenia forma de biblioteca amb un bol ple de llaminadures damunt de la taula. La Liz (recordava el nom perquè els pares l'havien esmentat unes quantes vegades durant el cap de setmana de revelacions) havia parlat directament amb l'Emma d'abans, i ben segur que la dona napolitana havia sortit a la conversa.

—Saps què penso, mare? Que m'agradaria parlar amb la Liz, la psicòloga que vaig tenir de petita. Deu tenir arxivat el meu historial.

La mare se'm va quedar mirant fixament sense badar boca.

El dia 1 de juliol vaig anar a visitar la Liz Steiner al seu pis de l'Eixample de Barcelona. Hi vaig voler anar sola, tot i que tant la mare com l'Abel van insistir a acompanyar-m'hi. A en Pau Llòria encara no li havia parlat de l'existència de la psicòloga.

Era una dona d'uns cinquanta-cinc anys molt atractiva. La mare li havia trucat, l'havia posat al corrent de la situació i la Liz va acceptar encantada l'entrevista. «Poques vegades tinc la possibilitat de recuperar una pacient tan especial després de tants anys.»

Els avis de la Liz eren jueus alemanys que havien pogut escapar de l'Alemanya nazi durant la Segona Guerra Mundial. El pare de la Liz ja havia nascut a Barcelona. Encara exercia com a psicòloga al mateix pis on m'havia atès quan jo era una nena de tres o quatre anys.

—Hem remodelat el pis unes quantes vegades. És molt possible que en aquella època encara rebés els pacients a la biblioteca.

M'hi va acompanyar. Ara la biblioteca era la sala d'espera dels pacients i la veritat és que no en vaig reconèixer cap racó. Sí que em vaig fixar que molts dels llibres antics dels prestatges tenien paraules escrites en alemany. La Liz em va dir que era l'herència del pare i de l'avi.

—Vostè llegeix i parla l'alemany, suposo.

—I tant. Germanoparlants són una gran part dels meus pacients a Barcelona. De fet, el gruix de la meva clientela és alemanya. A un alemany li resulta més fàcil expressar-se en la seva pròpia llengua quan fa teràpia.

Li vaig explicar breument la meva història i li vaig plantejar les qüestions essencials que m'havien impulsat a visitar-la.

—Busques una dona. Una dona que va ser la teva mare. I no saps res d'ella.

—Exactament. Penso que la nena amb qui vostè va parlar fa quinze anys sí que en devia saber coses. Aquella nena soc jo. Però el que vull saber no ho recordo.

—No li podria revelar la informació que em demanes a una altra persona. Però no és el cas. Ets tu mateixa qui es vol retrobar amb el seu passat. No hi ha cap codi deontològic que ho prohibeixi, això.

La Liz tenia un dossier de tapes una mica esgrogueïdes damunt de la taula. Dins hi havia un munt de folis, alguns picats a l'ordinador i després impresos, i d'altres manuscrits i plens d'anotacions en llapis i en bolígraf.

—Aquí dins t'hi amagues tu com eres aleshores —va dir la Liz, i em va somriure.

—Parlava en català amb vostè?

La Liz va donar un cop d'ull als fulls del dossier.

—En una barreja de català i italià. Jo parlo l'italià, perquè el meu marit n'és, d'italià. L'avi també el parlava. De fet, crec recordar que els teus pares et van dur aquí per aquesta raó.

—No ho sabia. La meva mare no m'ho ha dit.

—Venies de Nàpols —va dir la Liz, que anava llegint per sobre els fulls de l'informe—. Parlaves d'una *nonna*, que devia ser la teva àvia italiana, i d'una iaia, que devia ser l'àvia d'aquí.

—Aquí, de fet, en tinc tres, d'àvies. La mare del meu pare, la mare de la meva mare, que ja és morta, i la mare del meu pare biològic.

—La persona que anomenes iaia és la del teu pare biològic. Havies conviscut amb ella gairebé un any. Les altres, amb prou feines les devies conèixer.

—M'interessa la dona napolitana, Liz.

—Vols saber com es deia? —em va preguntar, alçant els ulls dels folis que llegia—. Es deia Giulia. Mama Giulia, li deies. Jo et preguntava què en sabies, de la mama Giulia, i tu em deies que se n'havia anat al cel.

—Va morir?

—O et van dir que s'havia mort. Això no ho podem saber.

La nena que s'havia dit Alba vivia a Nàpols, a la ciutat. Havia parlat del port amb la Liz, i d'algunes places on anava a jugar amb la *nonna*. Dues vegades havia parlat de la Chiesa di Santa Chiara i la Piazza di Gesù. «Això és al casc antic de Nàpols. Ho recordo de la vegada que hi vaig anar de viatge», va dir la Liz. Vivia en una casa maca, amb jardí. Parlava d'un viatge llarg, d'un hotel. D'un cotxe que marejava. La nena li va explicar a la Liz que un dia la mama Giulia no hi era, i que ella la va buscar pertot, i que va plorar molt. De la mama Giulia en recordava els ulls, grans i lluminosos. Deia que sempre estava contenta i que feia el pallasso.

La Liz anava passant pàgines. Moltes les llegia en diagonal i no feia comentaris sobre el contingut. Vaig tenir la temptació de demanar-li si el podia llegir jo mateixa, el dossier sencer. Me'l podria llegir en una hora i tornar-li. Però imaginava que si això hagués sigut possible, la Liz ja m'ho hauria proposat.

—Et referies de tant en tant al camí de les figuretes. T'hi portava la teva *nonna*. A Nàpols hi ha el carrer dels pessebristes. És molt conegut i s'hi passegen tots els turistes. Podria ser —va dir la Liz, passant pàgines—. Busco informació sobre el teu pare —es va justificar—, però m'adono que parlaves poc d'ell. Com si no hi fos, a Nàpols, amb tu i la mama Giulia i la *nonna*. T'hi refereixes quan arribeu a Barcelona. Deies que no t'agradava la ciutat i que volies tornar amb la *nonna*. És aleshores quan anuncies que la mama Giulia se n'ha anat al cel...

—Per què em van dur a parlar amb vostè, els meus pares? —se'm va ocórrer preguntar-li de cop i volta. La Liz va tornar a alçar els ulls de l'informe i se'm va quedar mirant fixament.— Vull dir... la mare m'ha explicat que veien una actitud estranya en mi, com si no m'adaptés a la nova vida amb ells, o com si mostrés algun comportament estrany...

La Liz va sospirar i va provar, maldestra, de simular un somriure.

—La finalitat última, penso jo, era ajudar-te a oblidar episodis que et poguessin fer mal. Fer una mena de reset, que diríem ara. Pel que recordo, estaves en una situació de risc amb la família del teu pare biològic...

—Sí. Era drogoaddicte. Això sí que ho sé.

—La meva feina era mitigar les seqüeles d'aquella experiència perquè no fos traumàtica en el futur. Per això serveix la teràpia en nens tan petits.

—Però amb la bona intenció d'oblidar el passat més recent, també vaig oblidar l'altre...

—Qualsevol pare hauria actuat de la mateixa manera, Emma. Estic convençuda que no es van equivocar ni van cometre cap errada. —La Liz va endinsar-se de nou en la lectura dels darrers fulls.— Inequívocament, la teva experiència a Barcelona no és bona. Tenies malsons i atacs d'angoixa. Parles de por, de gana, de fred fins i tot...

—Què és això? —li vaig demanar interceptant la seva mà amb la meva mentre anava passant els fulls—. Són dibuixos?

—Sí. Una part de la teràpia infantil es basa en el dibuix. En la representació gràfica. T'agradava molt fer els dibuixos.

—Els puc veure?

La Liz em va allargar quatre fulls. Estic convençuda que només un especialista pot interpretar aquells gargots que feia una nena de quatre anys. En algun s'hi podia distingir un rostre, o una mena de cos, amb cames i braços fets de pals. Però la majoria de les superfícies estaven farcides de ratllades, taques de retolador, boles o línies trencades.

—Tenien algun significat? —li vaig preguntar a la psicòloga.

—Mira al revers. Hi posàvem títols.

Vaig girar els quatre dibuixos. En un hi posava «Visc a Barcelona»; en un altre «Soc una bona nena». El tercer duia per títol «La meva família», i el quart «La gent que més m'estimo». Em vaig quedar parada. Qui s'havia inventat aquells noms? Me'ls havien anunciat abans de fer el dibuix o eren la conseqüència d'allò que jo havia dibuixat per iniciativa pròpia? L'hi vaig demanar a la Liz.

—Normalment es donen unes indicacions abans de fer el dibuix —em va explicar—, per exemple «ara dibuixarem coses maques» o «va, dibuixem coses divertides». També podem dibuixar coses «tristes» o «llocs que no ens agraden». És quan el dibuix està acabat que li plantejo al pacient com podríem anomenar-lo. El nen prova d'explicar amb paraules què ha representat i per què ho ha fet. Segons el que diu, el psicòleg acorda amb ell un títol, una frase o una paraula, amb la qual definir-lo.

Vaig mirar detingudament l'anomenat «La meva família» i em vaig preguntar a quina família em devia referir. S'hi podien distingir dos rostres, cadascun amb els seus ulls i la seva boca. Mal col·locats, desproporcionats, però dos rostres, en definitiva. El cos que semblava pertànyer al primer era molt gros, omplia gairebé tota la superfície del paper i estava pintat d'un color entre blau i violeta. L'altre rostre estava enganxat a un cos diminut, pintat de vermell. El cos petit duia una mena de sol al mig.

—Jo dec ser el personatge petit. Però no sé qui pot ser l'altre.

—Es poden fer moltes interpretacions... Espera, deixa'm buscar si tinc anotada alguna referència teva al dibuix...

La Liz va passar fulls fins a trobar-ne un que va llegir detingudament.

—Ja ho tinc —va dir—. Segons la teva interpretació, el personatge gros és la *nonna*, i el petit la mama Giulia. Vas dir que la mama Giulia duia una flor al pit perquè li agradaven molt les flors. No hi apareixeu ni tu ni el teu pare biològic. També vaig escriure que tu mateixa vas decidir el títol del dibuix: «La meva família». «Però on ets tu? On és el pare?», et vaig demanar, i tinc anotat que em vas mirar com si no haguessis entès la pregunta.

Se'm van omplir els ulls de llàgrimes. Em vaig emocionar pensant en aquelles dues persones que eren «la meva família» i a qui jo devia estimar per damunt de totes les coses. Dues persones a qui no recordava, la *nonna* i la mama Giulia, tan estrafetes en el dibuix, tan grossa l'una i tan petita l'altra, tan mal pintades i botides, però a qui devia enyorar molt quan visitava la psicòloga. He llegit que els humans portem informació genètica de totes les generacions que ens han precedit. Que fins i tot en portem dels primats o les amebes de les quals la raça humana provenia en un principi. Dins meu, doncs, hi havia amagada l'experiència que havia viscut al costat d'aquelles dues dones: les seves veus, les seves carícies, les seves mirades. Però no podia arribar-hi.

—Veig que parlaves sovint d'un lloc —va dir la Liz sense aixecar els ulls dels papers i després d'un silenci respectuós mentre jo païa la informació que m'anava donant—. És un lloc gran, amb gent. En deies «Il teatrino». Buscaves la mama Giulia al teatrino; hi anaves amb la *nonna*, sembla. També vas dir, ara ho recordo —la Liz havia alçat els ulls i buscava en el fons de la seva memòria—, que quan et vaig preguntar què volia dir que la mama Giulia era al cel, em vas dir que potser era al teatrino. Deies que vas buscar-la desesperadament al teatrino i que no la vas trobar, però que estaves segura que hi era.

—Què devia voler dir?

—No ho sé, Emma. Ara em venen a la memòria aquelles converses que vam tenir tu i jo. Al teatrino t'ho passaves molt bé, i recordo que vas insistir en la idea que la mare de vegades se n'anava al cel al teatrino, i que tu ploraves, però la *nonna* et deia que no patissis, que al teatrino tot era possible, i que la mama Giulia sempre tornava. Per això et devies entossudir a buscar-la allà la vegada que et van dir que se n'havia anat al cel. És difícil de saber què significa —va concedir la Liz, assentint tendrament amb el cap—. No has d'oblidar que qui parlava era una nena de quatre anys, Emma. Una nena que no entén, i que no sap, i que fantasieja.

Mentre jo rumiava sobre tot plegat, la Liz va descobrir un altre dibuix que ens havia passat per alt. Me'l va donar i em va indicar que duia títol al darrere: «Il teatrino». El dibuix estava fet amb retoladors de colors. A la part de sota hi havia tot de boles mal fetes i mal pintades. Al mig hi havia un personatge petit amb un sol al pit. Vaig pensar que era la mama Giulia. Al seu costat hi havia un altre personatge, alt i malgirbat. A dreta i esquerra dels dos personatges hi havia un munt de ratlles vermelles verticals, com si fos una melena femenina, que anaven de dalt a baix.

—Et vaig preguntar qui era el personatge central, el que estava al costat d'aquell que duia una flor al pit —va dir la Liz mentre llegia un full al dossier—. Em vas dir que era en Filippo.

La conversa amb la Liz va durar gairebé una hora i mitja. Quan em vaig aixecar de la butaca li vaig demanar quant li devia i ella em va dir que no m'amoïnés, que d'aquest tema s'encarregava la meva mare.

—Ara tinc una altra visita, Emma, que ja deu fer una estona que s'espera a la sala. Però pots tornar el dia que vulguis. Potser tot això que has sabut avui t'obrirà un espai en la memòria que estava adormit, i et pot aportar sensacions i fins i tot visions que no t'imaginaves.

—Tot el que vaig viure hi és, aquí dins —li vaig dir a la Liz assenyalant-me el cap—, i ara és quan necessitaria recuperar-ho. Jo era molt petita, i tot queda molt lluny i potser és molt fosc, però estic segura que vull saber-ho.

La Liz va assentir amb el cap, però als seus ulls em va semblar llegir-hi un dubte.

—Et presentaré el pacient que m'espera a fora —va dir a continuació—. Ell també es capbussa en la seva infantesa desgraciada per provar de surar en el seu present d'adult. No et puc parlar del seu cas, perquè és confidencial i té connexions molt complicades, però teniu en comú el fet de recuperar una vella ferida amb la intenció de sanar. Com si el dolor servís per curar, encara que d'entrada semblin conceptes antagònics.

A la biblioteca esperava un noi d'uns vint-i-sis o vint-i-set anys, força atractiu, que es va posar dret de seguida per saludar la Liz amb una encaixada.

—Enric, et vull presentar l'Emma. Va ser pacient meva quan tenia quatre anys i avui ha tornat per mirar de retrobar-se amb ella mateixa en aquella època.

L'Enric em va somriure, va dir «encantat», i em va fer dos petons a la galta. Tenia uns ulls preciosos. Pel que m'havia dit la Liz, dins d'aquells ulls nets hi devia viure el nen ferit que havia sigut una vegada. La Liz ens va deixar sols uns minuts mentre anava al lavabo.

—Ets d'aquí? —em va preguntar el noi.

—Sí. Bé, de fet vaig néixer a Nàpols. Vaig arribar abans de fer els tres anys. I tu?

—Soc de León. Visc aquí des de fa dos anys.

—La Liz m'ha parlat una mica de tu —li vaig confessar mentre descobria una expressió d'alarma en aquells ulls tan bells—. No m'ha dit res de per què ets aquí —em vaig afanyar a precisar—, només que, com jo, busques la manera de conviure amb el nen que vas ser.

—Ja no soc aquell nen —va saltar, una mica a la defensiva—. No m'identifico amb ell. Però tens raó: vulgui o no vulgui, em toca conviure-hi.

—Jo, en canvi, m'esforço a recuperar la nena que era. Penso que ella, o jo, vaja, em pot explicar moltes coses que ara no entenc.

—No n'estiguis tan segura —va dir, misteriós. La Liz va tornar de seguida i va convidar l'Enric a passar al seu despatx—. Molta gent opina que som el que vam ser —va dir l'Enric, abans de sortir de la biblioteca—. Però és molt relatiu. Que vam ser quan? Fins a quin moment? En companyia de qui?

—L'Enric sempre diu que som com un text —va intervenir la Liz—. El text d'un conte, per exemple. I que el principi pot no tenir res a veure amb el final. O que la versió primera no s'assembla a la definitiva.

—Ningú decideix com s'acaba el conte si ets tu mateix qui l'escriu.

Vaig assentir amb el cap i ell em va somriure.

—Del protagonista inicial del meu conte no en vull conservar res. De fet, no n'he conservat ni el nom —va afegir l'Enric.

—Jo tampoc.

6

El dia 1 de juliol vaig començar a treballar a la terrassa del mateix bar de l'any abans. Davant del mar, en ple estiu, en una Barcelona farcida de turistes, els locals fan el seu agost. El seu juliol i el seu agost, de fet. M'havia estrenat de cambrer l'any anterior, i l'experiència m'havia anat força bé. Un sou base que les propines engreixaven una mica; uns amos que anaven a la seva i que si estaves per la feina no es ficaven amb tu (ni amb el que feies ni com ho feies); uns companys enrotllats amb els quals hi havia complicitat, rialles però també col·laboració i entesa... En fi, que no tenia temps per avorrir-me mentre m'omplia una mica la butxaca.

A la primavera, vaig tenir la temptació (i en vaig parlar amb els pares) d'agafar-me un estiu sabàtic si els plans de fer un viatge estil interrail amb els col·legues tirava endavant. De fet, en vam estar parlant molt amb en Víctor, en Jordi, l'Ona i els altres, però reconec que el «tema» de l'Emma, del qual jo era l'únic que n'estava al cas, em va fer decidir a posposar l'experiència. D'una banda assumia la meva responsabilitat envers ella i el seu «problema», i volia ser-hi a la vora si les circumstàncies generals empitjoraven. De l'altra, la nostra conxorxa de les darreres setmanes ens havia tornat a apropar moltíssim. L'Emma tornava a ser no només la col·lega de la colla, sinó la noia de qui m'havia enamorat perdudament i en qui pensava totes les hores del dia. Conscient del que li havia passat i com havia canviat la seva percepció del món, encara sentia més ganes de tenir-ne cura, d'ajudar-la i fer-li saber que em tenia per tot el que necessités. Hi havia encara un tercer factor, remot i improbable, que era la súplica que m'havia fet d'acompanyar-la a Nàpols si es decidia a buscar el seu passat a la ciutat italiana. Si ella m'ho demanava, jo hi aniria, és clar. I si arribava el cas, estava disposat a abandonar la feina de cambrer (i renunciar al sou) per fer-li costat.

El dia que va venir al bar, aquella primera setmana de juliol, ho va fer a les dotze del migdia. Va trobar una taula desocupada a la terrassa. Alguns dels turistes ja s'havien entaulat per dinar (els horaris d'alguns europeus són inexplicables), però encara no era l'hora del vermut i ja havia passat la dels cafès d'esmorzar. No la vaig veure fins que no va alçar la mà reclamant el servei d'un cambrer. De fet, la taula on va seure no entrava dins del meu àmbit d'acció, per dir-ho d'alguna manera, però li vaig demanar a la meva companya de terrassa que em deixés a mi aquella clienta solitària.

—Un whisky —em va demanar, eixuta, sense saludar-me—. Un whisky doble.

—Vas forta, tia! Tot bé?

—És broma, idiota. Fes-me un petó, cambrer! —em va exigir.

Estava de molt bon humor, i s'havia posat guapíssima. Duia una samarreta blanca de tirants, una minifaldilla texana, sandàlies i un barret de palla al cap. No podia seure amb ella, però gràcies a la poca afluència de clientela a aquella hora, cada dos per tres m'hi acostava i xerràvem una mica. Em va explicar que havia estat fent indagacions sobre el seu passat i que es veia amb cor d'anar més enllà.

—No em fa por res, Abel, i fins i tot et diré que em ve molt de gust saber qui era jo, i d'on venia, i posposar-ho em sembla una ximpleria. Estic relaxada i contenta. El curs ha anat bé i la comunicació amb la mare després de la revelació és fluida i no ens ha perjudicat. —Va fer un glop del Nestea que jo mateix li havia servit, i després ho va deixar anar.— Vull anar a Nàpols aquest estiu. Vull mirar de trobar pistes sobre la dona misteriosa que em va parir.

Hi pensava anar amb la seva mare? Comptava amb mi, tal com m'havia demanat unes setmanes enrere? Tot això m'ho preguntava mentre servia les taules del meu sector. No podia deixar de mirar-la mentre feinejava. L'Emma seia tranquil·la a la seva taula. Tenia les cames estirades i duia unes ulleres de sol que l'afavorien.

—Ja et vaig dir que m'agradaria molt acompanyar-t'hi —li vaig assegurar en una de les anades i vingudes—. A Nàpols, vull dir.

—Però ara treballes. Et deuen haver contractat per a tot l'estiu.

—Primer és Nàpols. I tu —vaig dir-li. I vaig marxar de seguida a atendre una nova comanda.

La darrera etapa de la conversa es va produir mentre l'Emma pagava la seva consumició.

—La mare s'ha ofert a acompanyar-m'hi —va dir—, però reconec que no em fa il·lusió compartir amb ella un episodi que és tan meu... no sé si m'explico. És clar que m'estimaria més que vinguessis tu. Pensa-hi. Mira què pots fer amb la feina. Em sabria molt de greu fer-te anar malament.

—Ho arreglaré. Com sigui. Deixa'm un parell de dies. Et truco de seguida que ho tingui solucionat.

Quan l'endemà vaig parlar amb un dels caps, em va caure una esbroncada. No va voler ni sentir parlar de quinze dies i tornar. «I una setmana? Només set dies?», vaig provar de convence'l. «Si te'n vas, no tornes, nano. Si em deixes penjat, jo em busco un substitut pel que queda de temporada.»

Vaig acceptar el tracte que m'oferia: treballaria fins al 31 de juliol i després plegaria.

Vaig trucar a l'Emma de seguida. Em va semblar que la contrariava el fet d'haver d'esperar tot un mes abans del viatge, però després va reconèixer que aquest marge de temps podia ser avantatjós: disposava de gairebé trenta dies per saber més coses.

—Si me n'hi anés avui mateix, amb la poca informació que tinc, segur que em veuria obligada a perdre el temps donant voltes inútils per una ciutat que desconec. Deixa-m'ho pensar, Abel.

A la trucada següent que em va fer, l'Emma va dir d'acord a tot i que ella mateixa s'encarregaria de reservar avió i hostal. També em va dir que ella (o la seva mare) es faria càrrec de totes les despeses del viatge.

—Serà com si el teu sou d'agost l'invertissis en la meva recerca!

El dia 16, però, em va trucar amb una súplica. La seva veu no era la de sempre.

—Necessito que m'acompanyis a parlar amb en Pau Llòria. Ho he de fer, però aquest cop no hi vull anar sola.

—Hi ha hagut algun problema?

—Ahir vaig estar amb ell. No et sabria dir què va passar, o què vaig sentir, però el cas és que no em vaig sentir gens còmoda... Sap coses que no em vol dir. I necessito saber-les abans d'anar a Nàpols...

—Li has dit, que hi anem?

—No. Ahir tenia la intenció de fer-ho, però com t'acabo d'explicar, hi ha algun punt que no quadra. Per això no li vaig comentar res del viatge.

L'Emma tenia un bon pla. Va citar en Pau Llòria a la terrassa del bar que està a tocar d'on treballo. Havien quedat mitja hora abans que jo acabés la jornada laboral, de manera que quan hagués plegat i m'hagués tret la samarreta negra i el davantal fins als peus que dúiem els cambrers, aniria cap a ells. Si la cosa rutllava, seuria en una taula qualsevol i esperaria que s'acomiadessin. Després em reuniria amb ella. Ara bé, si la cosa no anava prou fina, em faria un senyal, i aleshores jo aniria a seure amb ells, a la seva taula, i l'Emma faria les presentacions pertinents.

—Si insisteix a no donar-me el que li demano —va dir l'Emma, força críptica—, li faré saber que ets el meu nòvio, que estàs al cas de tot, i que a partir d'aquell moment estaràs present en les converses. En Pau és un home feble, Abel, ja ho veuràs. Té una incapacitació laboral, fins i tot. És com una mena de jubilat massa jove per ser-ho.

—Està malalt?

—Té problemes de coco —va sincerar-se l'Emma.

La cita fou l'endemà mateix. Jo servia taules, i vaig veure com l'Emma arribava deu minuts abans de l'hora acordada. Va ocupar una taula propera a la meva terrassa. No vam intercanviar cap gest de reconeixement. Puntual a l'hora de la trobada, va aparèixer en Pau Llòria. Es van saludar amb una encaixada i va seure a la cadira que l'Emma li guardava. Era un home gris, per dir-ho d'alguna manera. Li vaig poder veure les faccions per primera vegada: el dia que els vaig espiar a la cafeteria del passeig de Sant Joan el tenia molt lluny. Blanc de pell, molt blanc. No duia roba d'estiu malgrat la calor que feia aquella tarda, sinó que vestia igual que l'Ona me l'havia descrit el primer dia que me'n va parlar, tot correcte, tot discret i barat, sense ostentació. Tenia entrades, però conservava una bona cabellera massa pentinada. Duia ulleres. No sé per què, però em va recordar un psicòpata de pel·lícula americana: un tipus anodí i poca cosa que podia amagar una doble cara turbulenta i depravada.

No els vaig treure els ulls del damunt durant la meva darrera mitja hora de feina. Parlaven, ara l'un ara l'altra, sense enfadar-se i de manera molt civilitzada. No reien, no hi havia complicitat, però cap dels dos alçava la veu ni feia gestos d'enuig o de desesperació.

A l'hora en punt, vaig passar a cobrar les comandes a les taules del meu sector, anunciant-los que acabava el torn i que havia de facturar abans que entrés la meva companya. Després vaig anar a canviar-me la roba, vaig acomiadar-me dels meus col·legues a la barra i vaig sortir. L'Emma i en Pau Llòria continuaven asseguts i en silenci. Ell mirava en direcció a la platja; ella, capbaixa, tenia els ulls clavats a la falda.

Des d'una taula propera a la seva, vaig estar pendent de si ella em feia el senyal acordat, però ni tan sols em va mirar. En un moment determinat, l'home es va treure un sobre de la butxaca de l'americana i el va deixar damunt de la taula.

L'Emma el va agafar i el va obrir. Per l'expressió del seu rostre vaig endevinar que estava buit.

Van conversar uns minuts més i finalment l'home es va posar dret. Es van acomiadar amb una altra encaixada. L'Emma no es va moure. Tots dos vam veure com en Pau Llòria s'allunyava de nosaltres, l'esquena força corbada, les mans a les butxaques de la caçadora. La mediocritat en persona fent-se fonedissa entremig de les legions de turistes que, enriolats i contents, avançaven pel passeig en direcció contrària a la seva.

—Què ha passat? —li vaig preguntar de seguida que vaig ser a la seva taula.

—No res. El de sempre. No entenc a què juga. Amb els dies i les entrevistes, he acabat descobrint que en Pau no entén la meva situació personal i es pensa que «això nostre» —l'Emma va posar amb els dits les seves característiques cometes— és una mena de gimcana que el fa feliç. És com si tot ho volgués negociar, com si tot s'hagués d'anar descobrint, com si la juguéssim tots dos, aquesta partida. Com si ell fos tan protagonista com jo. I li vull fer saber que no és així, Abel. Es tracta de la meva vida, no de la seva pel·lícula. No s'hi val allò de «tu em dius una cosa i jo te'n dic una altra», o «tu fas això i jo faré allò»...

L'Emma va fer un glop al seu Nestea i va moure el cap, pesarosa.

—Li acabo d'anunciar a en Pau la meva decisió de viatjar a Nàpols. Ell no vol que hi vagi. Diu que no se m'hi ha perdut res, allà. Que primer he de saber les coses d'aquí. I, de fet, ell ni de les d'allà ni de les d'aquí sembla que me'n vulgui donar gaire informació, Abel. O me la dona amb comptagotes, de mica en mica, com diu ell, sense precipitar-nos. En Pau ho eternitza tot. Diu que vol acompanyar-me, pas a pas, en la meva descoberta. Diu que ell és aquí per això, precisament. Per acompanyar-me com ho faria un àngel de la guarda. He de suar tinta perquè em reveli les circumstàncies del meu pas per la seva família, perquè em doni dades reals dels seus membres. Ho fa tot misteriós, quan sap que odio els misteris. Jo soc una noia planera i pragmàtica, soc de les que va de pet al gra, de les que menyspreen els circumloquis i les endevinalles. Soc la seva neboda, sí, però no estic disposada a fer amb ell un viatge plegats a la recerca de no sé quina història trista que ell ha patit des del dia que vaig entrar en la seva vida.

—He vist que et donava un sobre...

—Sap que si vaig a Nàpols és per mirar d'esbrinar coses de la meva mare biològica. Ell sempre assegura que no en sap res. M'ha dit que un dia, quan l'Ignasi ja havia desaparegut, va arribar aquesta carta a casa de la seva mare. Diu que és l'única pista que té del parador de la meva família napolitana...

—Aquí dins no hi ha res... —vaig dir, agafant el sobre que estava sobre la taula. Al darrere hi havia escrita l'adreça del remitent. Una adreça de Nàpols.

—Diu que la seva mare va llençar la carta.

—Què dimonis hi devia posar?

—Diu que no ho va saber mai. Ni què hi posava ni qui l'havia escrita. Sé que em menteix, però no entenc per què ho fa. M'ha fet mandra discutir amb ell. Diu que parlarà amb la seva mare, que sembla que és l'única que va llegir la carta abans de llençar-la...

—No m'ho empasso. Tu et creus que la seva mare sabia llegir en italià? —la vaig interrompre—. Com no l'havia de llegir ell, la carta? Sempre t'ha dit que els pares li demanaven consell en tot! Que era el membre més assenyat de la família!

—No ho sé... Ja t'he dit que hi ha coses de les que diu en Pau que no m'encaixen...

—Potser no ho recorda perquè, com tu dius, està malament del coco. Potser és només això...

L'Emma es va encongir d'espatlles i després es va posar el sobre a la bossa.

—Si més no tenim una adreça on començar a buscar.

LA POSTAL NAPOLITANA

1

Vaig confessar a l'Abel que m'interessava més la ciutat que no pas la meva mare. Sentia la necessitat de trepitjar-la, de respirar-la, de veure com eren els carrers i com vestien les persones que hi vivien. Com parlaven, com es movien, com eren les botigues i els mercats on s'abastien, com eren els bars i els restaurants on s'alimentaven. La meva intenció era retrobar-me amb tot allò que m'afectava a mi com a persona: totes les experiències físiques que jo havia d'haver interioritzat per força de petita i que tenia oblidades.

Em repetia sovint, i així provava d'explicar-ho a l'Abel, que si hagués volgut trobar les persones, hauria començat pel meu pare biològic, l'Ignasi Llòria. Havia viscut a Barcelona i ningú m'assegurava que fos mort. Si ho hagués volgut saber tot a través d'ell, hauria començat a estirar el fil des del dia que havia desaparegut. M'hauria volgut entrevistar amb la seva mare, que vivia en una residència a Santa Coloma de Gramenet, com m'havia dit en Pau. O l'hauria burxat a ell, a en Pau, fins que em confessés tot allò que segur que coneixia, o sospitava, sobre el possible parador del seu germà: qui eren els seus amics, en quins negocis tèrbols s'havia emmerdat, a quines ciutats o països podia haver anat a iniciar una nova vida lluny dels seus.

Però no era el cas. En aquells moments, jo no sentia la necessitat de saber coses dels altres. No m'importaven les seves vides ni el dolor que s'hi pogués acumular. No m'interessava ni em corprenia la dramàtica vida errant del qui havia sigut el meu pare; ni la miserable i decrèpita quotidianitat d'en Pau Llòria, ni tampoc el dia a dia de solitud i oblit que devia patir la meva àvia biològica en una residència per a avis. No els volia jutjar, ni tampoc recrear-me en la idea absurda que tenien la vida que es mereixien o que s'havien buscat. Tots ells van cometre errors i no van saber rectificar a temps. O simplement no havien sabut gestionar bé les seves capacitats, els seus recursos o els seus sentiments.

La vida dels altres no m'importava. No era la meva.

Però sí que desitjava completar el retrat de la dona que soc. Per entendre'm a mi mateixa, era indispensable retrobar l'Alba que vaig ser. I m'abellia descobrir-la (descobrir-me) en una nena feliç i lliure, una nena que ho tenia tot per fer, una nena confiada en el futur i en la gent que l'envoltava i que, això estava clar i per això m'hi dirigia, havia passat dos anys i mig de la seva vida a la ciutat de Nàpols. La nena que vaig ser després, la que va viure en una Barcelona que li era estranya i que s'arrossegava mig nua i afamada pels passadissos del pis d'un ionqui, aquesta no tenia ganes de recuperar-la. O ho hauria de fer després, més endavant, quan estigués segura de voler coneixe-la. A aquella nena maltractada i abandonada ja l'havia vist a través dels ulls dels pares, no només en la recreació del primer dia que em van descobrir a casa de l'Ignasi, sinó en les moltes altres revelacions que em van anar explicant sobre el procés de l'acollida i posterior adopció. Una nena trista i desmotivada, sempre muda, íntimament convençuda que les coses no li podien anar bé. La nena que havia sigut abandonada, primer per la seva família italiana i després per la catalana, malvivia sense esperança en braços dels uns i dels altres, i hauria acabat en una institució a través dels serveis socials si els meus pares no haguessin aparegut a temps. Aquella nena s'havia salvat, havia tingut sort. Aquella nena havia aconseguit esborrar la mala experiència i havia deixat d'existir. S'havia esborrat i jo no tenia cap motiu per retornar-la a la terra.

Jo buscava l'altra. L'Alba contenta i riallera dels dibuixos que m'havia mostrat la Liz Steiner. La de la nonna i la mama Giulia. La del teatrino. La que corria per les places i esglésies de Nàpols que van aparèixer en les converses amb la psicòloga. Aquella era la que jo buscava, i per ella, per recuperar-la, m'havia embarcat en una aventura incerta al costat del bonàs de l'Abel, tots dos asseguts l'un al costat de l'altra a l'avió que feia el trajecte Barcelona-Nàpols.

—Com te la imagines? —va preguntar l'Abel.

—Sorollosa, una mica caòtica per causa del trànsit, plena de...

—Em referia a la teva mare.

Fou en aquesta conversa dins l'avió que li vaig exposar els meus sentiments respecte a la recerca que ens disposàvem a iniciar. La dona per qui em preguntava l'Abel, doncs, no era la finalitat del viatge. Que m'agradaria saber si encara vivia i per què havia abandonat la seva filleta? Trobar una fotografia per poder reconèixer els seus trets en els meus? Sí, és clar. M'encantaria descobrir totes aquestes coses. Però ni l'Abel ni jo érem investigadors, ni comptaríem amb l'ajuda de la policia, ni teníem dades fiables per iniciar una hipotètica recerca. Havia deixat oberta la data del vol de tornada a Barcelona, però ni el temps ni els calés ens permetrien allargar el viatge més de deu dies.

—Diuen que s'hi mengen les millors pizzes del món —va dir l'Abel.

—Doncs amb això n'hi ha prou, golafre!

La mare em va advertir que allò que em disposava a fer era una ximpleria. No ho entenia i va provar de treurem'ho del cap des del primer moment que l'hi vaig anunciar.

—No té sentit, Emma. És massa aviat. No sabem res, no tenim cap contacte... no tens ni tan sols totes les dades completes de la teva biografia... Et demano que siguis la noia coherent i responsable que has sigut fins ara i que valoris els pros i els contres d'aquesta empresa absurda... Més endavant, quan tinguem tota la informació, el pare i jo et voldrem acompanyar a Itàlia i t'ajudarem a remoure cel i terra per trobar tot això que busques. Però no t'has de precipitar. Em dol que estiguis obcecada en un projecte que segur que farà fallida... No sé si estàs preparada per entomar un fracàs tan estrepitós...

Va insistir cada dia, en cada conversa. Va parlar amb el pare, i ell em va trucar amoïnat des de París. Es va oferir a acompanyar-m'hi quan es va adonar de la meva tossuderia. Ell volaria a Nàpols des de París; ens trobaríem a l'aeroport, o a l'estació central. Buscaríem un bon hotel i m'acompanyaria a tot arreu. Parlava una mica l'italià, el pare. Es va quedar més tranquil quan li vaig anunciar que no hi aniria sola, que un bon amic em faria costat. Va voler saber qui era. Ah, L'Abel. El coneixia, li queia bé. Sabia que estudiava Belles Arts, que volia ser artista, com ell. Que tenia traça dibuixant.

La mare també va voler saber quin grau d'implicació hi tenia en Pau Llòria en tot plegat. Li vaig confessar que zero, cap ni un. Li vaig revelar com m'havia decebut, i ella de seguida va aprofitar per recordar-me que aquella família no era de refiar; que hi havia molts draps bruts, que ella sempre m'ho havia dit. Vaig explicar a la mare que l'única pista que m'havia ofert en Pau era una adreça de la ciutat de Nàpols. L'adreça d'una carta que va arribar a Barcelona sense cap nom al remitent, i el contingut de la qual era un misteri.

Finalment la mare va consentir a finançar-nos el viatge i fins i tot ens va dur a l'aeroport el dia que vam marxar. Li va suplicar a l'Abel que anéssim en compte; que em vigilés en tot moment, perquè jo estava dèbil, impressionada i una mica perduda. «No tempteu la sort. Sigueu prudents, Abel. Truqueu-me de seguida si necessiteu alguna cosa.»

El dia abans, vaig anar tota sola a casa la Liz i li vaig demanar el favor de consultar el dossier per anotar els indrets de Nàpols que apareixien en les converses que havíem mantingut anys enrere. Vam seure al seu despatx, ella amb els fulls a les mans, i em va anar dictant noms d'esglésies, de places, de monuments i de persones que hi apareixien. La Liz no aprovava la idea del viatge. Al·legava que era massa d'hora per engegar una recerca i que el meu estat emocional no feia recomanable una immersió dràstica en un passat desconegut. Fins i tot va proposar, si em venia de gust, fer una sessió de teràpia per reubicar-me. L'hi vaig agrair, però també ho vaig refusar. «Podem dir que hi vaig a fer turisme sentimental,

Liz.» Només de dir-la, aquella frase ja em va semblar una cursileria.

Des de l'aeroport de Nàpols vam agafar un bus fins al centre, a la Piazza Garibaldi. Vam entrar en una oficina d'informació i turisme i vam demanar un mapa de la ciutat per situar-nos. A través de Booking havíem reservat un hotel econòmic a la vora de l'església de Santa Chiara: sabíem que era un lloc cèntric i, a més a més, l'edifici apareixia a les entrevistes que havia mantingut amb la psicòloga a Barcelona. Jo duia una maleta de rodes petita i l'Abel una motxilla que carregava a l'esquena.

—No sembla gaire lluny. Provem d'arribar-hi a peu —va proposar.

Eren quarts de sis de la tarda. Vam caminar una estona pel Corso Umberto I. L'Abel va comentar que una mica caòtica sí que era la manera de conduir, però semblava un caos ordenat: ningú tocava el clàxon i els conductors comptaven amb l'enrenou circulatori, carregats de paciència.

—Ningú du posat el cinturó de seguretat, fixa-t'hi!

La majoria de motoristes anava sense casc i, el més espectacular, sovint vèiem tres persones en una moto. Vam preguntar a una dona jove si anàvem bé per arribar a Santa Chiara i ens va recomanar deixar l'avinguda i avançar pels carrers interiors, molt més macos i sense cotxes. Seguint les seves instruccions, vam agafar la Via Duomo i vam girar a l'esquerra a San Biagio dei Librai.

Quina meravella! Restaurants, bars, botigues de queviures i de souvenirs, figuretes de pessebre, entrades espectaculars del que devien ser casalots de gent benestant... Hi havia molts vianants, especialment a l'altura de la plaça de San Domenico Maggiore, plena de cafeteries i amb un monòlit barroc al bell mig.

Vam seure en una terrassa a fer un cafè i menjar una pasta que la mateixa cambrera ens va recomanar. Davant nostre, un músic de carrer estava a punt de començar l'actuació. A tocar dels peus es va escampar una col·lecció de ninots de goma: pollastres desplomats, porcs, ànecs... totes les joguines eren velles i brutes. L'ajudava una acompanyant que s'havia posat dues ales blaves a l'esquena. L'home duia una guitarra, també de joguina, a les mans, i una harmònica a la boca. Amb els peus anava trepitjant els cossos de les bestioles de plàstic, que emetien un xiulet rítmic quan els sortia l'aire. Mentrestant, la dona alada ballava a la seva bola.

—És entre cutre i mínimal —va observar l'Abel. I després d'una pausa:— Et venen records al cap?

Jo només sabia que m'hi trobava bé, allà al mig.

—Com vols que recordi res, burro, si no tenia ni els tres anys! És Itàlia, és clar. Conec Roma, i Venècia, i Pàdua... M'agrada passar per davant de tanta casa maca, tants carrerons, tantes esglésies... M'agrada que hi hagi tios sonats que trepitgen animalons de joguina per fer música!

—Tot està una mica fet caldo —va observar l'Abel.

—Aquesta és la gràcia.

El mateix carrer per on veníem ens va dur directament al complex de Santa Chiara i al carrer de l'hotel, que estava ubicat en un tercer pis sense ascensor. Havíem reservat una habitació amb dos llits (en la reserva online vam escriure en anglès que volíem una habitació amb dos llits individuals) i esmorzar. L'hotel o pensió no semblava gaire gran. De fet, era un pis amb habitacions a banda i banda d'un corredor, i una petita recepció al bell mig. El noi que ens va rebre ens va donar la clau i ens va mostrar la cambra. Era ampla i neta, però només tenia un llit de matrimoni. L'Abel i jo ens vam mirar de reüll. Cap dels dos va gosar demanar l'habitació amb dos llits que havia reservat la mare. Al sostre hi havien fixat un gran ventilador vell d'aspes de fusta que s'activava mitjançant una cadeneta.

—Si demanem dos llits farem el ridícul... —va murmurar l'Abel quan el noi ens va deixar sols—. Tu què hi dius?

El llit era gran i còmode. La idea no era dormir amb l'Abel, és clar. Però la veritat és que no tenia ganes de pensar en altres temes que no fossin estrictament necessaris.

—A mi ja m'està bé —vaig dir-li—. Espero pel teu bé que em deixis espai i que no ronquis! —En veure com s'enrojolava, vaig dirigir-me a la balconada, la vaig obrir i em vaig deixar meravellar pel mur altíssim que encerclava l'església de Santa Chiara, del qual en sobresortien contraforts i pinacles—. Mira quina vista més xula!

Ell va sortir al balcó darrere meu. El seu cos es va clavar contra la meva esquena i, sense esperar-m'ho, em va sacsejar una esgarrifança plaent.

Vam decidir perdre'ns pels carrers del casc antic de Nàpols. Sense ruta, sense mapa, sense objectiu. Es va anar fent fosc. A cada dues passes ens sorprenia un racó pintoresc, una perspectiva increïble de construccions, places i monuments enaltits pels fanals de llum groguenca. Vam comprovar com els grafitis i les pintades reivindicatives ho cobrien tot: les façanes de les cases, les de les esglésies, els porxos de Via dei Tribunali. Tot era deliciosament decadent, com havia dit l'Abel. Vam sopar en una trattoria prop de San Paolo Maggiore, al carrer. Tots dos vam demanar una pizza Margherita i una cervesa.

—Potser jo havia sopat en aquest local —vaig dir—. Potser de tant passar-hi, un dia la mama Giulia o la *nonna* em van dur a sopar una pizza aquí.

—Les nenes de dos anys ja mengen pizza?

No sabia si l'Abel es proposava fer-me riure o si li sortien de natural totes les bajanades que deia. Vam parlar de mi, sí, però també dels estudis, del futur, dels seus pares a Barcelona. Em volia fer sentir bé. Acomplia a la perfecció la seva figura d'acompanyant en aquell viatge sentimental que m'havia entestat a fer. Em venia molt de gust fer-lo sense consultar cap mapa, com en aquella nit napolitana de la nostra arribada. Descobrir sense buscar, deixant que les passes erràtiques ens portessin on, sense saber-ho, volíem anar. Així vam descobrir la Piazza Bellini, plena de gent al voltant de les restes arqueològiques que s'hi admiraven a terra; plena de terrasses, de gent jove riallera, de grups de napolitans que ens acollien com si fóssim dels seus.

De tornada a l'hotel, l'Abel em va passar un braç al voltant de les espatlles. La sensació, un cop més, d'avançar sense instruccions, sense mapa. A l'habitació hi feia molta calor i vam riure provant d'esbrinar com es regulava el moviment del ventilador perquè donés voltes sense fer soroll. Vaig apagar el llum abans de despullar-me mentre ell ho feia al lavabo. Va sortir en calçotets i samarreta. Jo duia un pijama d'estiu. Se sentia la remor de gent que passava pel carrer i el ritme suau de les aspes al sostre.

Vam jeure al llit, damunt dels llençols, l'una al costat de l'altre. De mica en mica, en silenci, ens vam anar apropant. Vaig sentir la seva mà sobre la meva panxa. Després les cames se'm van enredar amb les seves. Sense instruccions, sense mapa. Sense sospitar que allò passaria.

2

Ja han passat sis dies des de la nostra darrera i trista trobada. Cada matí em llevo, sec a la taula de la cuina en pijama i espero. No sé què espero, Alba. No em dutxo, ni surto de casa. Ja no bec més. Vaig acabar-me les tres ampolles que guardava d'amagat i no he baixat a comprar-ne més per mandra de vestir-me, de baixar al carrer, de parlar amb el pakistanès de la botiga de queviures. Mandra de viure i de moure'm. Potser estant ebri no hauria pogut escriure't aquesta carta que avui començo i que no sé si acabaré ni si tindré el valor de fer-te arribar quan l'hagi enllestida. No he contestat les trucades de telèfon de la teva tata Irene, ni tampoc li vaig obrir la porta el dia que va venir i em va amenaçar, a crits. Evidentment, tampoc he anat a veure la teva àvia a Santa Coloma. Saps què em sap greu? Que cap de les comptades persones amb qui encara mantinc un contacte, la meva ex-dona, el meu fill, la meva mare, hagi tingut notícia de la teva tornada a la nostra vida. No m'has donat temps de parlar-los de tu perquè te n'has anat de seguida.

Alguna estona, per consolar-me, encara imagino que la teva desaparició no és definitiva. De tant en tant, quan estic serè, confio que tornaràs i que em trucaràs per demanar-me perdó per no confiar en mi, i potser et penediràs d'haver marxat d'aquesta manera. Et sabrà greu haver-te'n anat a Nàpols a la recerca d'una història que no t'afecta, ni a tu ni a cap de nosaltres. No ets conscient que, fos qui fos, aquella dona va ser la primera a abandonar-te. Encara que no t'ho creguis, jo no en vaig saber mai res, d'ella, tret de les vagues informacions que ens va donar l'Ignasi de passada. Que potser no ens va dir la veritat, d'acord. Que potser s'ho va manegar per enredar-nos com feia sempre, i al final resultarà que la teva mare no us va abandonar, sinó que va ser ell qui la va deixar i se't va endur a la força de tornada a Barcelona. Jo no ho sé, però seria una possibilitat remota. Ara bé, t'asseguro que ni ella ni ningú de la teva família italiana mai no van fer res per recuperar-te. Si l'Ignasi et va arrabassar de les seves mans a Nàpols, ella devia tenir la capacitat de recórrer a la policia, a estrangeria o a qui fos per recuperar-te. I no ho va fer, Alba. Mai. Estant-hi d'acord o no, van permetre que el meu germà et separés d'ella, i això només significa una cosa, Alba, i és que no t'estimava o que no et necessitava. Que devies ser un destorb per a la seva vida com ho vas ser més tard per a la del meu germà. L'un i l'altra se't van treure del damunt. És trist exposar-ho amb aquesta cruesa, Alba, però les coses són com són, sempre ho dius, i malgrat les justificacions i les excuses, tu vas acabar com vas acabar, en mans d'uns altres que no hi tenien res a veure. Que et van estimar, sí, i van tenir cura de tu, de la teva salut, de la teva alimentació, dels teus estudis, sí, d'acord, però que van ser, per decisió pròpia, els causants que hagis viscut tots aquests anys en la inòpia, sense permetre't saber qui ets i d'on vens, i per què i com vas arribar a les seves mans. Els que, amb tota la intenció, van decidir separar-te de nosaltres. Els que t'estimàvem sense cap interès, només per ser com eres.

Un vespre l'Ignasi es va presentar a casa dels pares en un estat deplorable. No tenia ni esma de caminar, ni de trucar a l'intèrfon. Una veïna se'l va trobar arraulit davant del portal i va avisar el pare. Van baixar de seguida, el van agafar a pes per les aixelles i el van posar a l'ascensor. La mare em va trucar, desesperada, mentre el teu avi li treia la roba i el ficava a la banyera. Quan vaig arribar, l'Ignasi jeia al llit, en pijama. «Hauríem de trucar a un metge», els vaig advertir. El pare, sense dir res, va agafar un braç de l'Ignasi i em va mostrar un seguit de perforacions que hi lluïa causades per una xeringa. La mare plorava i anava fent que no amb el cap. «Què hem fet malament, senyor?», es queixava, implorant al cel. «On coi ens hem equivocat?» La mare volia saber què se n'havia fet, de tu; si eres a casa, o a casa de la suposada mainadera. Li vam escorcollar el contingut de les butxaques i hi vam trobar un joc de claus. Vaig agafar el cotxe i me n'hi vaig anar de seguida, acompanyat de la mare. Et vam trobar lligada al llitet, Alba. El molt bandarra t'hi havia lligat amb una corda d'estendre la roba. Anaves pixada i cagada, i tot el llençol estava ple d'engruna de galeta, que es veu que te'n devia deixar un paquet obert. No sabíem quant temps feia que estaves lligada allà menjant galetes. Dormies quan vam entrar a l'habitació. La mare es va posar les mans a la boca i va plorar sense fer soroll, per no despertar-te. Et vaig deslligar, et vaig agafar a coll i vam sortir del pis per tornar a casa.

Aquella nit, mentre el teu pare i tu dormíeu, cadascun en una habitació de casa els pares, vam decidir que s'havia d'actuar immediatament. Calia separar-te d'ell, allunyar-te'n perquè no et fes mal. Denunciar l'Ignasi; internar-lo, incapacitar-lo... alguna cosa s'havia de fer. L'opció més lògica era que et quedessis amb nosaltres, amb la Irene, en Raül i jo. Als pares no els podíem obligar a dedicar-se a una tasca per a la qual ja no tenien l'edat ni la traça. Jo hi vaig estar d'acord, és clar. De fet, la proposta va ser meva.

El que no m'esperava de cap de les maneres, Alba, és que la meva dona s'hi negués. La Irene no en va voler ni sentir parlar. Que nosaltres ja en teníem un, de fill, i que ella ja anava prou atabalada com per fer-se càrrec d'un altre. Impossible, va dir. Que li sabia greu, però que s'havia de buscar una altra solució. Vaig provar de fer-la entrar en raó. Eres la nostra neboda, filla del meu germà. Estaves en una situació d'abandó i d'urgència. «No podem triar, Irene. No hi ha alternatives.» Però la Irene va dir que no, que de cap manera. Que ella no es volia sentir responsable de la nena i que si la forçava a acceptar a contracor s'estimava més demanar la separació i la custòdia d'en Raül. «Tenim diners, Irene», provava de fer-li entendre. «En podem tenir més si allargo la jornada laboral.» Estava disposat a tot, Alba. Qualsevol cosa abans que deixar-te a les mans de l'Ignasi.

Però la Irene va ser inflexible. Quan vaig explicar la seva decisió a casa els pares, es van quedar muts, sense saber com reaccionar. Ara, des de la distància, entenc l'actitud de la mare, que aleshores em va indignar. La dona em va mirar com si s'ho temés, que la Irene s'hi negaria.

L'Ignasi havia marxat sense dir res. Potser ni se n'havia adonat que la seva filla era a casa, a l'habitació dels pares, en un llitet plegable. Va tornar al cap d'unes hores fet una fúria. Jo era a la feina i no en vaig ser testimoni. «On és? On l'heu amagada?», es veu que els escridassava. «És la meva filla!» La mare va provar de tranquil·litzar-lo. La nena no es mereixia viure de la manera que ho feia, sense atencions i lligada tot el dia en un llitet brut. Aquell matí l'Ignasi els va revelar que tenia la solució. Va reconèixer la seva incapacitat per fer-se'n càrrec i havia trobat una família d'acollida. «Quina família? Què vols dir amb una família d'acollida?», es va esverar la mare. «Ho tinc decidit. Ningú no em farà canviar d'opinió», va anunciar el meu germà abans de contestar cap més pregunta.

Els pares m'ho van explicar aquella tarda quan us vaig anar a veure. «No pensem fer res, tots plegats? Permetrem que ens prenguin la nena sense moure un dit? Quina mena de monstres som?», no parava de repetir jo.

L'endemà al vespre van venir aquells homes a casa. Hi havia el pintor, el que havia de ser el teu nou pare, i el seu germà, que era amic de l'Ignasi. També van venir uns altres dos, l'un era advocat i l'altre treballava al Departament de Salut de la Generalitat, o això és el que ens va dir. Tot el procés que ens proposaven era legal al cent per cent. Se seguirien tots els protocols si es comptava amb el consentiment de totes les parts. La mare em mirava, atordida, mentre durava la reunió i els homes exposaven els termes de l'acollida. «No faràs res?», semblava demanar-me, implorant, amb els ulls fora de les òrbites. Jo estava atabalat. Per primer cop havia ventat un mastegot a la meva dona, la tata Irene. Havíem tingut una discussió brutal, la primera de totes les que van venir després. «Se l'enduran! Te n'adones, filla de la gran puta?» Després del mastegot, la Irene va agafar en Raül a coll i va marxar de casa. «Vaig a comissaria a posar una denúncia per maltractaments!», em va amenaçar.

No ho va fer. Penso que, en el fons, es posava en la meva pell i, d'alguna manera, entenia la meva desesperació. Jo no sabia encara l'autèntic motiu de la seva decisió de no voler-te amb nosaltres, però estava segur que mai li podria perdonar que m'hagués fallat d'aquella manera.

Tot va anar molt de pressa. Un cop signada la paperassa, vam acordar el dia que deixaries la nostra família per anar a viure amb la del pintor. L'home del Departament de Salut era psicòleg i havia dit que, si les parts hi estaven conformes, convenia no allargar inútilment la situació. Es va decidir que «la transacció» es faria al pis que tenia llogat l'Ignasi. Jo hi vaig anar amb la mare. Ens van demanar enteresa, cap escena de dolor o neguit per no alterar la petita, per fer-ho tot més senzill i diplomàtic. La dona del pintor va arribar amb un gran os de peluix de color blanc. A la bossa hi duia un abriguet, també blanc, i unes botetes d'aigua de color rosa. La mare i jo ens vam quedar en un segon pla i no vam badar boca. «Mira què t'he dut, reina», va dir aquella dona mostrant-te la joguina. Desprenia amor i tendresa per tots els porus de la pell, t'ho asseguro. Era jove, rossa, atractiva. Al seu marit li queia la baba. Tothom estava content, fins i tot l'Ignasi, que et sostenia als braços exactament com el dia que vas arribar de Nàpols. «Aquests amics del papa tenen una casa preciosa, Alba. Jo els he dit que aquí fa fred i que t'has de quedar soleta.» Miraves embadalida l'os enorme que duia la dona. Ella te'l va donar i tu el vas agafar i te'l vas apropar al cos. Vas fer cara de felicitat mentre acaronaves aquell peluix enorme. Després la dona va allargar els braços i tu vas passar d'unes mans a les altres sense cap gest d'estranyesa. «Ara anirem a casa, a sopar. M'has de dir què és el que t'agrada! I t'hauràs de posar les botes d'aigua, reina, que plou a bots i barrals!» No vas tornar a mirar el teu pare, que de seguida que es va sentir alliberat del teu cos va encendre un cigarret i es va posar a fumar com si no passés res. Tampoc ens vas tornar a mirar, ni a la teva àvia ni a mi.

Quan vau ser fora, l'Ignasi, la mare i jo ens vam quedar en silenci. «És el millor que podem fer», va assegurar el meu germà al cap d'una estona. «Ja ho heu sentit: tenim tot el dret de veure-la i podem concertar un calendari de visites. No hi haurà cap problema. És la millor solució.» Jo no podia parar de fer-me preguntes per la seva sang freda, per la seva manca d'escrúpols i de sensibilitat. No reconeixia el meu germà. Només sabia que estava malalt: era un drogodependent que, a causa de la seva addicció, havia de tenir problemes mentals.

La desaparició de l'Ignasi a les poques setmanes va facilitar les coses a la teva nova família. Tot plegat va ser encara més fàcil i més ràpid i, segons ells, menys traumàtic per a tu.

3

Quan em vaig llevar, l'Emma ja s'havia dutxat i vestit. Seia en una de les dues cadires del balcó. Les aspes del ventilador del sostre feien un soroll agradable, i de la balconada oberta arribava el murmuri inconfusible d'una ciutat viva. Algun cotxe, gent que caminava, alguna botiguera que parlava a crits, el bordar d'un gos. L'Emma, amb la mirada perduda sobre la façana de Santa Chiara, tenia entre les mans el sobre que li havia donat en Pau Llòria.

La situació era nova, tant per a mi com per a ella. Havia de besar-la? Com se suposava que havia d'actuar?

—Dormilega —va murmurar, sense mirar-me.

—Quina hora deu ser?

—Necessito esmorzar —va dir—. Un cafè i una pasta d'aquelles d'ahir.

L'hotel no tenia sala restaurant i, com ens havia explicat el noi de recepció la tarda abans, sobre la taula de l'habitació cada dia hi trobaríem una mena de tiquet que servia per poder esmorzar de franc en una cafeteria d'allà a prop. Casualment, va resultar ser la mateixa, a San Domenico Maggiore, on ens havíem aturat a fer el cafè el dia abans.

L'Emma estava guapíssima. Havíem parlat molt poc, aquell matí. Jo estava convençut que ni ella ni jo sospitàvem que ens enrotllaríem durant la primera nit a Nàpols. Però havia passat. Davant de la tassa de cafè i enmig d'aquell plaça tan curiosa, em preguntava si allò canviava el pla inicial del viatge i, sobretot, de quina manera l'afectaria el que es disposava a fer a la ciutat.

—Vull anar primer de tot a l'adreça que algú va escriure

al sobre —va parlar l'Emma, amb els ulls fixats en algun punt de la façana de l'església—. No espero trobar-hi res, però és l'única pista que tinc. Potser és el lloc on jo vivia. Potser hi ha algú que es recorda d'aquella nena o de les dones amb qui anava.

Va desplegar el plànol, se'l va plantar davant dels ulls i es va esforçar a trobar-hi el nom d'aquell carrer. Tota aquella activitat i concentració em van semblar una cortina de fum per no iniciar cap conversa sobre el que havia passat la nit abans.

—No el trobo, merda! —va exclamar, visiblement nerviosa—. Aquest plànol és per a turistes! No hi surten els noms de tots els carrers!

—Podem agafar un taxi i que ens hi porti.

—Un taxi? I si resulta que és aquí al costat?

—Doncs entrem en una botiga i ho preguntem. O millor encara, busquem una oficina de turisme.

—Oficina de turisme? Vols que tornem a la Piazza Garibaldi? Et penses que n'hi ha una a cada cantonada, d'oficina de turisme, idiota?

Ella mateixa es va adonar de la poca traça amb la qual afrontava aquell canvi en la nostra relació.

—Perdona. Estic una mica alterada —va remugar.

—Penso que podem parlar sense embuts del que va passar ahir. I més encara: sospito que és necessari que ho fem. Puc començar jo.

—Començar tu? Començar què? —va fer una pausa,

i a continuació va parlar més calmada—. No era la meva intenció, Abel. El que va passar ahir, vull dir. Jo venia per retrobar coses del meu passat que desconec. Per intentar recuperar sensacions de quan era una nena. Fins i tot hi havia la il·lusió ingènua de trobar algú que hagués conegut la meva mare. O trobar-la a ella... I resulta que avui estic feta un embolic de sentiments perquè, inesperadament, sense haver-ne tingut la més mínima intenció, resulta que tu i jo... ahir...

—Jo ho vaig fer perquè vaig voler. Perquè em va venir de gust. Perquè tenia ganes d'estimar-te, d'abraçar-te. Va sorgir i no ho vam voler o poder evitar. Jo no hi donaria tantes voltes...

—Però posa't en la meva pell, Abel! Jo no venia amb la idea de fer un viatge romàntic... Jo venia en mode introspectiu, no sé si m'explico. Volia la ment lliure i oberta per absorbir totes les sensacions... Volia estar centrada en aquest tema... En el meu estat no em sento capacitada per posar l'atenció en sentiments que no tinguin res a veure amb...

Va callar de cop i no va poder evitar que unes llàgrimes se li escapessin dels ulls. Es va treure les ulleres de sol per eixugar-se-les amb un mocador de paper.

—Les coses van com van, Emma. Tu sempre ho dius. No hem fet res de dolent. Tot això que ens està passant és positiu.

—Per a mi no és tan simple.

—Jo he vingut per ajudar-te. Per estar amb tu i no deixar-te sola. I ho penso fer. Tu estàs penedida del que va passar? Et sap greu? Estàs dolguda per això?

L'Emma va fer que no amb el cap.

—Soc una histèrica —va acceptar—. No suporto que les coses se'm descontrolin.

—Tot està controlat —vaig assegurar-li. I de seguida vaig agafar el quadern de dibuix i el llapis que duia a la motxilla—. I per demostrar-t'ho, penso fer-te ara mateix un retrat titulat «Emma descontrolada davant del monòlit de San no-sé-què Maggiori».

—San Giorgio Maggiore. Amb e.

Vam anar a una oficina d'informació i turisme que hi havia a la Piazza del Gesù, al costat de Santa Chiara. Una noia ens va encerclar amb un boli el carrer que buscàvem i ens va recomanar visitar la capella de Pio Monte della Misericordia, que era al costat, i on es podia admirar una obra mestra de Caravaggio.

S'hi podia anar a peu. De fet, el carrer era un trencant de la Via dei Tribunali per on havíem passat el dia abans, però a l'altre costat de la Via Duomo. Cases velles, amb les façanes totes plenes de pintades com al rovell de l'ou del casc antic. No hi havia turisme, però sí botiguetes de menjar, i establiments regentats per orientals, i peixateries que tenien exposada la mercaderia al carrer. El número en qüestió pertanyia a un immoble aparentment tan desballestat com els altres, i no hi havia cap nom escrit al costat dels timbres del porter automàtic.

Vaig decidir que l'Emma havia de prendre la iniciativa.

—Què vols que fem?

—No ho sé. Esperar que surti algú i preguntar.

Mentre ens esperàvem li va sonar el mòbil. Va donar un cop d'ull a la pantalla. «És la meva mare. Ja li trucaré després», va dir, i va guardar el telèfon.

Ningú entrava ni sortia de l'immoble. Ella es va fixar en una de les dones que atenia la peixateria que era just a sota: devia tenir seixanta o seixanta-cinc anys i parlava amb la clientela i els passants. Vestia una granota blau marí força vella i calçava botes altes de goma.

—Et recorda algú? —li vaig preguntar.

—No. Però aquesta senyora, si té l'establiment obert de fa temps, i per l'aspecte sembla que sí, potser recorda algunes de les veïnes de quinze anys enrere.

L'Emma va portar el pes de la conversa amb la peixatera, que es deia Amalia i que durant tota la seva vida havia regentat aquell modest establiment. Mig en castellà i mig en italià maldestre, l'Emma li va explicar qui era i, molt per sobre, l'objectiu de la seva recerca. Li va mostrar el sobre amb aquella adreça. La dona el va agafar i se'l va apropar molt als ulls per poder-lo llegir. «Sí, és aquí», va confirmar, satisfeta. L'Emma li va parlar dels pocs noms que coneixia, la mama Giulia i la *nonna*. A la senyora no li sonava cap mama Giulia. No coneixia cap veïna que es digués Giulia en aquell immoble. Va fer-nos entrar a la botiga i va parlar, en napolità, amb dos homes, un de jove i un altre de més vell, que feinejaven entre les capses de peix i les balances de pesar. L'Amalia semblava decidida a trobar alguna informació per ajudar-nos. Ens va portar novament al carrer i ella mateixa va trucar a dos timbres del porter automàtic i va parlar amb dues veïnes. Una d'elles va baixar, en bata i espardenyes, a parlar amb l'Emma i mirar-se el sobre. L'Emma els explicava que el seu pare era català, de Barcelona, deia, que potser els hauria de sonar si un estranger havia viscut allà quinze anys enrere. «Sempre hi ha molts estrangers en aquest barri, senyoreta», va dir la veïna de la bata. No en recordaven cap que s'assemblés al de la foto que els mostrava l'Emma, una de les que li havia donat en Pau Llòria. I de cop i volta va sonar la paraula màgica. La va pronunciar l'Emma: Il teatrino. Primer van preguntar a quina mena de teatret es referia, si era un teatre de debò o un de joguina. L'Emma no tenia la resposta. Aleshores l'Amalia va dir que a prop d'allà hi havia un teatre, un teatre normal i corrent. Va dir que devia estar tancat, perquè a l'estiu no hi havia funcions. Ens va indicar en el plànol on era. I de cop la veïna va dir alguna cosa i l'Amalia va reaccionar de seguida obrint molt els ulls i posant-se una mà al pit. Ens van tornar a fer entrar a la peixateria i van parlar un cop més amb l'home gran. La veïna de la bata i les espardenyes s'havia apuntat a la comitiva i tots junts vam accedir a una mena de magatzem que hi havia al darrere. Ens van convidar a seure en un parell de cadires rebentades i molles mentre l'Amalia i el qui devia ser el seu home fullejaven unes llibretes manuscrites que tenien els lloms esquarterats després de tant fer-les servir. Buscaven un número de telèfon, vaig pensar.

Entre la senyora Amalia i la veïna ens van explicar allò que se'ls havia acudit i que podia ser el punt per on iniciar la recerca. Anys enrere (cap de les dues recordava quants) va venir a viure a l'edifici una senyora gran, però no en sabien el nom perquè s'hi va estar poc. Era, van dir les dues, gesticulant i entranyables, una dona desgraciada. Havia perdut la filla feia poc temps. La dona no es feia amb ningú, però les males llengües deien que la filla se li havia mort per culpa de les drogues. I, va explicar la veïna, els havia vingut a la ment perquè, segons es deia, la noia havia sigut artista. «Quan has dit això del teatre, se m'ha encès la bombeta!», va dir la veïna. Elles no havien vist mai cap nena amb la senyora desgraciada (totes dues van fer que no amb el cap) i un dia la senyora va marxar i no en van saber res més.

—I la filla podia haver actuat en aquest teatre que diuen? El que hi ha a prop d'aquí? —va preguntar l'Emma.

Les dues dones es van mostrar desconcertades i es van mirar l'una a l'altra. «Hi ha molts tipus d'artista, senyoreta», va dir l'Amalia. «La noia que diem, no sé si era ben bé una artista d'aquestes que actuen als teatres...», va reblar la veïna de la bata. I totes dues van fer que no amb el cap i van fer una ganyota amb la boca.

El telèfon que ens van donar pertanyia a l'administrador de finques. «No el que hi ha ara, que és una empresa moderna i salvatge (totes dues van tornar a fer cara de fàstic i hi van afegir un gest amb la mà com si espantessin mosques) sinó el d'abans, en Mario, que llogava els pisos i els locals. En Mario, si viu, el pobre, us podrà donar referències d'aquella dona desgraciada.»

Després de donar les gràcies a tothom, vam ser petonejats per les dues dones. Ens van desitjar tota la sort del món en la recerca i ens van fer adeu amb la mà des del carrer fins que vam girar la cantonada. Vaig trobar encertat que l'Emma no hagués revelat que ella podia ser filla de l'actriu, sobretot després dels posats de les dones quan parlaven d'aquella artista malaurada.

Vam decidir que ens acostaríem al teatre seguint les indicacions que les dones ens havien marcat sobre el plànol. Acabava de saber que, potser, la seva mare biològica havia sigut una artista.

—Ja has sentit aquestes dones, Abel. Hi ha moltes menes d'artista.

Vam passar per davant del Castel Capuano i vam creuar una avinguda que, segons el mapa, es deia San Giovanni Carbonara, com la salsa. En comptes de seguir les indicacions de la peixatera, però, l'Emma va decidir que arribaríem abans a la plaça del teatre tallant per un carreró que al mapa no tenia nom.

No sé si va ser bona idea. Va resultar ser un carrer de prostitució. Tot i que no eren ni la una del migdia, les noies s'estaven a fora, davant de les cases respectives, totes modestíssimes i de planta baixa. N'hi havia moltes que semblaven estrangeres, algunes de pell negra, altres de trets eslaus. Anaven vestides molt extremades, amb samarretes ajustades i faldilles curtíssimes de colors vius. Tenien la porta de casa esbatanada, i sorprenia que l'interior visible no fos un rebedor o un menjador, sinó una habitació de dormir. Grans llits omplien els espais il·luminats amb neons de colors i llums de fantasia que es veien des del carrer. La decoració d'aquelles habitacions era fantasiosa però vella i cutre. L'Emma i jo no vam intercanviar ni una paraula mentre travessàvem el carrer i cap de les noies ens va increpar. Resultava curiós que, entre casa i casa, hi havia un taller mecànic, una perruqueria tronada o una botiga de queviures. En aquell carreró de misèria vam admirar l'estàtua religiosa més gran que havíem vist des que érem a la ciutat: si a tot arreu hi havia fornícules amb sants i verges, normalment encastats a les façanes dels edificis o de les esglésies, el monjo que presidia el carrer era d'escala humana, es dreçava enmig de dues columnes de marbre vell i no hi havia res que el protegís. Vaig aturar-me a fer-hi una fotografia, perquè la troballa resultava realment fascinant: entre dos bordells, i flanquejat per dos cotxes aparcats a la vorera, l'escultura del monjo semblava una aparició.

L'Emma es va quedar muda un cop vam sortir del carreró en direcció a la plaça del teatre. No se'm va acudir res per treure-la de les seves cabòries funestes. Reconec que tot plegat, la informació de les dones i després la proximitat d'aquell carrer sinistre, era poc engrescador.

Uns nens jugaven a pilota a la solitària plaça del teatre. L'edifici destacava entre les cases contigües, però hi estava enganxat. Una placa indicava que allò era el Teatro San Ferdinando. Pintats damunt de les reixes abaixades dels finestrals de la planta baixa, hi havia tres grans rostres que pertanyien a la mateixa persona, l'actor Totò, una de les icones més presents en l'imaginari de la ciutat i que ben sovint et trobaves reproduït a les botigues de souvenirs o en fotografia decorant restaurants i bars.

Vam comprovar que estava tancat. Un cartell damunt de la façana informava d'una obra que s'hi havia d'estrenar el mes d'octubre.

L'Emma, encara silenciosa i amoïnada, va seure en l'ampit d'una jardinera que hi havia al mig de la plaça. Jo vaig fer-ho al seu costat i, amb molt de tacte i sense saber si rebutjaria el meu gest, vaig passar un braç al voltant de les espatlles, igual que havia fet la nit abans quan ens dirigíem a l'hotel. L'Emma ho va tolerar. Va deixar anar un sospir ben audible i va recolzar el cap sobre la meva espatlla. Ens vam quedar uns minuts llargs en aquesta posició, tots dos immòbils, tots dos pensatius. Tot d'una, però, l'Emma es va incorporar d'una revolada i es va apropar a la placa fixada en la façana d'un dels edificis que teníem al davant.

Quan vaig ser al seu costat la vaig descobrir atònita, amb els ulls alçats i llegint el que hi havia gravat a la placa: «Piazza Eduardo de Filippo. 1900-1984. Attore e commediografo. Quartiere S. Lorenzo».

—De Filippo —va murmurejar—. Una vegada vaig fer un dibuix a casa de la psicòloga quan era una nena. Vaig representar allò que anomenava «il teatrino». Al mig del full hi vaig dibuixar com un personatge. «Qui és aquest?», em va preguntar la Liz. I es veu que vaig contestar: «Filippo» —va fer una pausa i a continuació em va mirar fixament—. No et sembla que tot quadra? Si més no una mica? Un teatre, De Filippo i una noia jove que era «artista» —ella mateixa va posar-hi les cometes—. La noia va morir per causa de les drogues, circumstància que podria casar amb la història de la meva mare biològica...

—Seria molta casualitat —vaig insinuar, no gaire convençut—. Però tot encaixaria, tens raó. Aleshores penses que et duien a aquest teatre? Penses que la teva mare hi havia treballat? Que era una actriu de debò?

4

Enyorada Alba:

Silenci i buidor. Tenia l'esperança que l'estada a Nàpols et faria reconsiderar la teva actitud envers la meva persona, i que potser em trucaries volent saber més coses i demanant-me la informació que, ja t'ho anuncio ara, t'he amagat fins al dia d'avui.

M'esforço a creure que no mereixo que ningú em planyi. No vull fer pena, Alba, i per això no demano ajuda, ni vaig al psicòleg ni segueixo cap tractament ni teràpia com tan sovint m'han aconsellat els metges. Sempre he volgut sortir-me'n sol, d'aquest rumb caòtic en què s'ha convertit la meva existència. Part de culpa dec tenir, ho reconec, però em demano què hauria fet qualsevol altra persona a qui la vida l'hagués tractat tan malament com a mi. He tingut mala sort escollint els nouvinguts (la Irene, els meus col·legues de la feina) i també n'he tingut amb els que m'han tocat de sèrie (la meva família, el meu fill). I ara resulta que tu, que podries pertànyer a qualsevol de les dues categories, també em gires la cara. Per això estic tan desorientat. No et voldria aclaparar amb aquesta responsabilitat, però la sensació que tinc és la de la gota que ha fet vessar el got. L'última esperança perduda.

La carta continguda en el sobre que et vaig donar el darrer cop que ens vam veure ja no la tinc, ni la mare tampoc la té. Abans de perdre-la, però, me la va deixar llegir. Tu ja vivies amb la teva nova família. Tot va anar molt de pressa. Les gestions, els papers, el procés... T'has preguntat mai el perquè d'aquesta rapidesa i eficàcia? Un dia o altre ho hauràs de fer, Emma. Ja saps que jo soc l'home de les respostes.

No vull apartar-me del tema que he iniciat. La carta. Un dia, quan ja feia mesos que eres fora i l'Ignasi havia desaparegut de les nostres vides, la mare em va trucar perquè anés a veure-la de seguida. Jo no passava pel millor moment: la Irene ja havia començat els tràmits de la separació i lluitava aferrissadament amb la seva advocada per aconseguir la custòdia completa d'en Raül. Jo me n'havia anat de casa. A mi em va tocar moure el cul, Alba. Fer les maletes, deixar-me un dineral condicionant el nou pis... Precisament jo, que acabava de patir la pèrdua d'un germà, la pèrdua d'una neboda, i que començava a evidenciar problemes psíquics d'envergadura.

El cas és que la mare volia parlar amb mi sense que ho sabés el meu pare. Vam quedar al parc de la Ciutadella, un dia quan jo sortia de la feina. Duia la carta. La mare havia envellit molt els darrers mesos. També havia perdut un fill i una neta. Es passava el dia com una somnàmbula i descuidava les feines de casa. Tenia la mirada perduda, el caminar feixuc. Era com si la desgràcia tingués pes i li hagués caigut al damunt, físicament, com una llosa de marbre. El sobre de la carta anava dirigit a la família

Llòria, sense especificar a quin dels seus membres. Però provenia de Nàpols, era evident tant en el mata-segells com en el remitent, i per tant anava dirigida a l'Ignasi. L'Ignasi no hi era, ningú no sabia on havia anat ni si tornaria, i per tant la mare es va sentir amb l'obligació moral d'obrir-la. «He pensat que podia ser ell, que havia tornat a Nàpols», em va dir la mare, «tot i que la lletra del sobre no és la seva». Li vaig dir que me la deixés llegir, però ella no va fer el gest d'obrir la bossa de mà per donar-me-la. Estàvem asseguts en un banc, sota un arbre frondós que filtrava els raigs de sol de tarda i ens omplia de punts de llum del color de la plata. «L'ha escrita l'àvia italiana de l'Alba», em va anunciar, «i es dirigeix a l'Ignasi». Vaig insistir que me la deixés llegir, i aleshores ella va obrir la bossa i la va buscar. Em va allargar el sobre sense mirar-me, abatuda. «No sé si ho he entès tot, perquè està escrita en italià», va fer la mare mentre jo treia el full plegat que contenia.

La carta no anava signada i en cap moment citava els noms ni d'ella ni de la seva filla. Anunciava a l'Ignasi la mort recent de la seva filla en un hospital de la ciutat. Deia que no havien pogut fer res per salvar-li la vida després de l'última sobredosi. Maleïa el meu germà per haver-li robat les dues coses més belles que li havia regalat la vida, la seva filla i la seva neta, i el condemnava a morir cremat a l'infern dels bandarres. En la darrera frase lapidària, agraïa a Déu que hagués salvat la petita de contagiar-se del virus de la sida. «La meva filla ha mort abans que tu, i no per causa de la malaltia, sinó d'una acció que mai deixaré de veure com un suïcidi. Tu no tindràs aquesta sort, perquè ets un covard. Només et demano que tinguis la decència de protegir l'Alba i deixar-la en bones mans.»

D'aquesta manera brutal acabava la carta.

«Sabies que el teu germà estava infectat?» va preguntar-me la mare.

Tenia els ulls fixats en uns nens petits que jugaven a prop amb uns cotxes de plàstic. Quan un d'ells es va acostar a nosaltres per rescatar la joguina d'entre les nostres cames, la mare, en comptes de riure, es va posar a plorar.

Jo vaig negar amb el cap. No ho sabia, que l'Ignasi tingués la sida. Em vaig quedar una bona estona capficat, els braços recolzats als genolls i el foli escrit a les mans.

«Sembla, pel que interpreto», va dir la mare, «que l'Alba no està contagiada. He mirat a internet, i es veu que sol passar, això. Els fetus no es contagien ni desenvolupen la malaltia encara que el pare o la mare estiguin infectats», va fer una pausa i es va eixugar les llàgrimes amb un mocador. «O potser la van concebre abans d'infectar-se. He telefonat al pintor. He quedat amb ell demà al matí. Vull que llegeixi la carta. Ha de saber-ho. A l'Alba li han de fer més proves aquí, a Barcelona, al millor hospital. Hem de comprovar que el que diu aquesta dona és veritat.»

Estimada Alba. Hi ha moltes coses que no se saben, potser perquè no s'han de saber. No ser-ne conscient ajuda més que no pas saber-les. Voldria que m'entenguessis a mi, i que entenguessis també els teus pares. Et preguntaves per què no et van parlar mai del teu passat, i hauràs de reconèixer que tenien molts motius per no fer-ho si tu no els ho demanaves. Estic segur que t'hauria costat més tirar endavant, com a nena òrfena i adoptada, si haguessis sabut tot això que t'explico ara.

La mare va anar a parlar amb els teus pares.. Et van fer proves en més d'un hospital. La teva mare estava una mica histèrica amb aquest tema i no en va tenir prou amb una sola confirmació. Jo no sé com va anar aquella darrera entrevista entre ells i la mare, que hi va voler anar sola, sense el seu home i sense mi. Tot devien ser retrets i desesperació. La mare va quedar tan tocada que no va gosar acostar-s'hi mai més. Sé que, molt de tant en tant, el teu pare, mai la teva mare, els trucava per dir-los que estaves bé i que creixies perfectament i sana. Que no tenies malsons, ni revivies cap de les experiències del passat. Estic segur que et van fer visitar per algun psicòleg, no sé si t'ho han explicat mai, però el cas és que van fer una bona feina. Neta de cos i neta de ment, així vas créixer.

L'última vegada que vaig veure l'Ignasi no em va dir res de la seva malaltia. Ni sé si realment estava infectat o si era seropositiu. Estava molt desmillorat, però sempre vaig pensar que era per causa del verí que s'injectava i el ritme de vida que duia. Sigui com sigui, no va voler compartir-ho amb mi.

Érem dos desconeguts, l'Ignasi i jo. Dues persones que no eren compatibles tot i que teníem lligams de sang. Jo havia adoptat el paper de patidor i ell el de fer patir. Jo era el dels remordiments i ell el pocavergonya. La Irene, enmig d'una baralla, em va arribar a dir que jo l'envejava i que m'hauria agradat ser com ell.

No és cert. A mi m'hauria agradat que ell fos com jo, no a l'inrevés. Qui tenia raó era la teva àvia napolitana: l'Ignasi era un covard. No va lluitar per la nostra família, ni va lluitar per tu. Només mirava per ell. Sempre. Li importava tres raves fer mal a les persones, destruir-les. Mai no hauria sacrificat res seu per salvar algú altre. Tot ho feia amb una finalitat lucrativa. Volia diners per invertir-los en el seu propi plaer sense tenir en compte per a res els sentiments de la gent. El teu pare era un monstre, Alba, cal que ho sàpigues.

L'Ignasi feia malbé tot allò que tocava. Em pregunto, i no ho sabré mai, si la ràbia de la dona italiana que havia escrit la carta tenia res a veure amb allò. Si l'Ignasi havia corromput la seva filla. Si l'havia iniciat ell en el món de les drogues. Si l'havia infectat amb el virus. La seva capacitat per fer mal era inabastable. No tenia prejudicis ni remordiments.

No sé si seré capaç d'enviar-te aquesta carta. Si finalment ho faig, serà perquè la llegeixis com una advertència: has de fer tot el possible per no assemblar-te mai a ell.

5

El senyor Mario Celluto va tenir l'amabilitat de rebre'ns a casa seva, al barri de Chiaia. Li havíem trucat dos dies abans, just la tarda que la senyora Amalia, la peixatera, ens havia donat el seu telèfon. L'Abel va proposar actuar ràpidament ara que teníem aquella pista, per minsa que fos. La majoria de llocs i oficines on vam pensar que seria possible contactar amb algú del teatre estaven tancats en ple agost. Vaig forçar l'Abel a córrer Nàpols amunt i avall, tant aquella tarda com l'endemà, sense èxit.

Em maleïa a mi mateixa per no recordar res de la ciutat. Anava tan espitada d'una banda a l'altra que no em podia concentrar en les sensacions. Havia imaginat que alguna particularitat de la ciutat, per petita que fos, tindria la capacitat de transportar-me als temps en què hi havia viscut. Les olors, algun monument, l'ambient d'alguna plaça... Tot s'havia enterbolit, a més, amb l'experiència inesperada de la primera nit a l'hotel de Santa Chiara, al llit que compartíem l'Abel i jo; amb les seves carícies i el seu cos nu. Tot plegat se m'enredava caòticament al cap i a la pell. Potser si ell hagués marxat, si m'hagués deixat sola després de la primera nit, tota jo em sentiria més oberta a una experiència sensorial completa, però l'Abel era al meu costat totes les hores del dia i jo sentia la necessitat de tocar-lo, de respirar el seu alè, de sentir les seves mans sobre el meu cos, d'escoltar el soroll del llapis ratllant el quadern de dibuix que de tant en tant obria. La segona nit, després de sopar i a la mateixa plaça Bellini, vaig decidir comunicar-li la meva intenció de no tornar-ho a fer, d'evitar el contacte físic que, a parer meu, em passava factura i m'impedia concentrar-me en la tasca que ens havia dut a Nàpols. Ell no ho entenia i deia que no tenia sentit. Vam acabar moixos i enfonsats tots dos. No vam abraçar-nos de tornada a l'hotel i a mi se'm va fer una muntanya saber que ens tocaria dormir al mateix llit un cop més.

Però no va ser així. Sols i en silenci, bressolats pel soroll de les aspes d'aquell ventilador del sostre, ens vam tornar a apropar. I diria que ho vam fer amb més desig que la primera vegada. «No hi pensis», repetia ell, «deixa't portar. El cos és savi i sap què li convé». Per la meva manera de ser, feia temps que havia decidit que la primera vegada havia de ser especial, amb un noi de qui realment estigués enamorada. Havia imaginat una relació trenada a base de moltes converses, de molts riures, de moltes activitats plegats abans del moment de fer-ho. Des d'un cert punt de vista, la meva relació amb l'Abel ja havia passat per totes aquelles fases. Ens coneixíem des de feia un munt d'anys i havíem sortit amb la mateixa colla des que anàvem a l'institut. Fins i tot havíem mantingut durant uns mesos una relació més íntima, amb passejos, converses, petons i alguna carícia. Però allà, a Nàpols, en aquell moment crucial de la meva vida, tot allò no em servia de res. No era com m'havia imaginat per molt que l'Abel fos el millor candidat a convertir-se en el meu primer amant de debò.

Sabia que altres noies, també algunes de les meves amigues, no ho veien com jo. Elles no distingien entre passar-s'ho bé i estimar, i podien tenir experiències sexuals sense la necessitat d'una relació que les justifiqués. Amb l'Ona n'havíem parlat moltes vegades i ella no entenia el que jo li deia. «Si et mola un tio, per què no gaudir-ne sense pensar més enllà? Molt em temo que tindràs desil·lusions actuant com et proposes, Emma.» Algun cop ho havia intentat, això que feien les altres, especialment des que la relació de parella amb l'Abel s'havia trencat. Mai no va ser ningú de la colla, sinó tios que coneixia en una nit de festa. Tios que podien ser divertits, o que directament estaven molt bons i pels quals em sentia atreta. No va funcionar mai. Més tard o més d'hora m'adonava que no em convenien, que no m'hi sentia còmoda i que tot plegat no anava enlloc. Algun se m'havia emprenyat. Feia poc, un m'havia arribat a dir que era una escalfabraguetes, i aleshores jo encara vaig estar més segura de mi mateixa. Sort que he frenat a temps, em vaig dir, més convençuda que derrotada.

El tercer dia a Nàpols vam tornar al teatre San Ferdinando i vam preguntar als bars de la vora, a les botigues. I als veïns dels immobles. Quan s'obriria el teatre? No hi venien entrades? Ningú entrava al local encara que només fos per fer-hi neteja? Ningú no ens en va saber dir res.

El senyor Mario estava jubilat i vivia amb la seva dona malalta. Per telèfon, la història que li vaig explicar li va semblar una mica rocambolesca, i també la manera com havíem aconseguit el seu número. Li vaig advertir que no parlava gaire italià, i que algunes coses que em deia no les entenia del tot. Li vaig assegurar que seria més senzill si ens poguéssim veure en persona, el dia, el lloc i l'hora que ell em digués, perquè el llenguatge no verbal era de molta ajuda en una comunicació entre dues persones que no parlen la mateixa llengua. Finalment va accedir a l'entrevista i ens va citar a casa seva l'endemà passat a dos quarts de cinc de la tarda.

Per fi una cosa que sortia bé, vaig pensar. «M'agrada veure't així», va dir l'Abel, «tan tranquil·la. És com si t'haguessis alliberat d'un pes. Fem el que et vingui de gust, sense atabalar-nos», va proposar.

Vam anar a casa el senyor Mario en taxi. El barri de Chiaia era diferent del casc antic, molt més net i arreglat, i amb vies comercials atapeïdes de gent. Pel que vam poder observar des de les finestres del taxi, aquella part de Nàpols no diferia tant d'altres ciutats europees. Fins i tot es podia assemblar una mica a Barcelona pel tipus de locals i de comerços.

Mario Celluto vivia en un edifici ben restaurat a la vora de la Piazza dei Martiri. Ell mateix ens va obrir la porta del pis i ens va fer passar a una sala ben condicionada amb mobles antics i una decoració que l'Abel va definir com a burgesa. Ens vam fixar que tenia moltes figures exòtiques damunt de les calaixeres i els prestatges, i ens va dir que el seu fill era un aventurer intrèpid que havia recorregut mig món com a antropòleg. Li va fer gràcia mostrar-nos una reproducció, feta amb bon gust, d'una de les xemeneies de Gaudí a la Pedrera de Barcelona. Va excusar la seva dona, que era al llit impossibilitada, i que no podia rebre visites.

El senyor Celluto havia treballat molts anys en una immobiliària petita i discreta de la ciutat, que tenia també el seu departament de gestoria i administració de finques. Per això coneixia moltes persones del barri antic, entre elles la senyora Amalia i els veïns de l'immoble que havíem visitat dos dies abans. Molts d'aquells edificis eren propietat de la immobiliària i en altres casos en portaven l'administració dels lloguers. Li vaig tornar a relatar, aquest cop sense amagar res, els objectius de la meva recerca. L'home em va escoltar atentament i es va fer càrrec de la situació.

—Trobo que vostè és molt jove per fer aquesta investigació tota sola —va admetre.

—No es tracta d'una investigació —vaig objectar amb timidesa—. Només la necessitat de saber, si més no per sobre, qui soc i d'on vinc. Una necessitat personal —vaig reblar.

El senyor Celluto va provar de fer memòria amb l'ajuda d'unes carpetes plenes de documents. Vam observar a través de les finestres que a fora queia un xàfec d'estiu.

—La immobiliària té totes les dades dels veïns. Quan em vaig jubilar només me'n vaig endur alguns informes i escrits molt personals. Vull dir que en aquests paperots no hi trobarem res, senyoreta Emma, però m'ajudaran a situar-me a l'època.

Es va posar unes ulleres de vista cansada i va estar fullejant dotzenes de papers. De tant en tant torçava una mica el cap, o feia una ganyota divertida, tot recordant, vaig suposar, anècdotes dels clients o les activitats de què s'havia encarregat. L'Abel i jo vam restar en silenci tota l'estona.

—Tinc el record d'una senyora gran de les característiques que m'indica —va dir al final—. No recordo exactament el pis que tenia llogat, però podria molt ben ser que fos el que vostè va visitar, al sector de la Via Vicaria Vecchia. Em ve a la memòria una senyora d'un nivell social més elevat que el dels veïns de la zona. Era una senyora sola, alta i grossa. Una persona assentada que havia anat perdent, per entendre'ns. Em sona molt haver sentit els rumors que li va confiar la peixatera. Una seva filla, o neta, no ho recordo bé, havia caigut en el parany de les drogues. Molts joves hi cauen, és una llàstima. En aquesta ciutat és relativament fàcil aconseguir qualsevol tipus de substància, ja ho deu haver sentit a dir. La dona, segons es deia, ho havia donat tot per la filla o la neta. S'havia arruïnat, vaja. I no havia servit de res, perquè la familiar directa en qüestió havia mort. De la particularitat que fos actriu, o artista, així en general, no en tinc constància. Si la persona que busca és aquesta dona que recordo, no n'hi podré dir gaire cosa. El nom i els cognoms sí: només caldrà que demà truqui a l'oficina i que demani a algú que m'ho busqui als arxius. Ho faré, no pateixi. Si vostè em truca demà a aquesta hora, li podré donar aquesta informació. —El senyor Celluto es va treure les ulleres i va moure el cap, pensatiu.— Era una dona trista. Anava ben arreglada. Jo mateix vaig visitar-la en un parell d'ocasions, ben segur per algun problema de la finca. Podria corroborar les suposicions dels veïns: aquesta dona havia viscut temps millors i s'havia quedat sola. Ni ella mateixa es devia poder creure que arribaria on, desgraciadament, havia arribat: a viure de rellogada en un barri modest del centre de Nàpols.

Li vaig comentar que havíem visitat el teatre San Ferdinando, a la Piazza Eduardo de Filippo. Que encara que semblés una bajanada, algun indici (no vaig parlar de la

Liz ni dels meus dibuixos infantils) em feia pensar que la noia morta, la que havia de ser la meva mare, hi podia haver actuat.

—És un bon teatre, el Ferdinando... —va comentar el senyor Celluto.

—Ho sé. Potser la meva mare no tenia categoria per actuar en un teatre així.

—Això no ho sabem —va admetre—. Podria ser que la seva mare hagués tingut èxit abans de caure en l'infern de les drogues...

Era veritat. No ho podia saber, això. No en sabia absolutament res, d'ella, ni tan sols la cara que feia.

Quan ens acomiadàvem, el senyor Celluto ens va recomanar que ens arribéssim al port, si és que encara no l'havíem vist.

—És aquí a la vora. Baixin aquest mateix carrer i arribaran al Passeig i a la Via Partenope. A l'esquerra distingiran la silueta magnífica del Castel dell'Ovo, molt conegut a Nàpols.

—Ho hem llegit a la guia —va intervenir l'Abel.

—Es mereix una visita, cregui'm que sí. Al voltant és ple de bars i restaurants. I tenen unes vistes espectaculars del Vesuvi —va dir mentre ens precedia fins a la porta del pis—. Truqui'm demà, senyoreta Emma, i tindré la poca informació que li puc oferir.

En sortir al carrer, gairebé no plovia. L'Abel em va passar el braç per les espatlles i vam baixar fins al passeig marítim. La via principal estava tallada al trànsit, i hi havia molts nanos jugant a pilota o fent curses amb els skates. Les terrasses dels restaurants luxosos encara no havien aplegat clientela, i la gent com nosaltres, turistes i napolitans (o com jo, que era una mica les dues coses), passejaven sense pressa davant del mar admirant les perspectives dels espigons enrocats, els vaixells, els ferris i els velers que solcaven les aigües, i l'estampa senzilla però majestuosa del castell. De sobte, un efecte de la natura en va provocar dos de personals.

L'efecte atmosfèric va ser un arc de Sant Martí molt nítid que naixia rere el baluard i es perdia al cel napolità.

El primer efecte íntim va ser una mena de resignació estranya amb tot el que m'havia de passar. Una conformitat amb l'esdevenidor i també amb el passat. Estava molt agraïda que l'Abel m'acompanyés, i que em fes costat i no em deixés sola.

El segon efecte personal fou sentir que estava del tot enamorada d'ell.

L'endemà a dos quarts de cinc en punt vaig trucar al senyor Mario. Havia anat personalment a la seu de les oficines on havia treballat «per si podia trobar alguna dada més i fer-li el favor a vostè», va precisar.

—La senyora de qui vam parlar es deia Anna Mansellato. No sé si el seu cognom era el de casada o el de soltera.

La senyora Mansellato era vídua. No podem saber, per tant, si la seva filla o neta, la que va morir, duia aquest cognom o un altre. Va estar-se un any en el pis del carrer Vicaria Vecchia. Als informes no hi consta, com és habitual, els motius pels quals se'n va anar. Tenia setanta-set anys. Malauradament, senyoreta Emma, això és tot el que li puc dir. No va deixar res al pis. He intentat esbrinar-ho amb els meus companys, no fos cas que hagués deixat alguna pista del seu parador. Cap record personal, cap carta sense obrir ni tampoc cap carta que arribés després de la seva partida. Quan va marxar s'ho va endur tot. Em sap greu no poder ajudar-la més.

—Li estic molt agraïda, senyor Mario —vaig dir-li—. Com a mínim m'ha aconseguit un nom. No sabem si la senyora Mansellato és la persona que busco, és clar.

—La meva recomanació, senyoreta Emma, és que no es precipiti i faci les coses ben fetes. Recopili totes les dades al seu país, i després torni i posi's en contacte amb els *carabinieri*, o amb un investigador. Jo li puc proporcionar telèfons i adreces.

Abans de tallar la comunicació, el senyor Mario em va dir que la meva història l'havia colpit, i que per això havia fet un pas més sense consultar-m'ho.

—Vostè em va parlar de la impossibilitat d'accedir al Ferdinando. M'he permès la llibertat de fer una petita gestió. Resulta que conec, perquè va ser client meu, un dels conserges del teatre, el senyor Lucio. Aquest migdia he trucat a casa seva, des de l'oficina. Encara treballa al teatre, hem tingut sort, perquè d'aquí sis mesos es jubila. Li he explicat el seu cas, molt per sobre, sense donar-li detalls. En Lucio ha accedit a rebre-la. Té les claus del teatre que, efectivament, ara està tancat per vacances. No perdrà res anant-hi. En Lucio li mostrarà el Ferdinando per dintre. Fa anys que hi treballa. Si la seva mare va actuar-hi, hi ha la possibilitat que ell l'hagués coneguda, o que la pugui posar a vostè en contacte amb algú que ho hagués fet. Aprofiti-ho ara que és aquí, senyoreta Emma.

Vaig trucar de seguida al senyor Lucio. Li vaig demanar si no li sabria greu rebre'ns. Ell, molt amable, va dir que ho faria encantat, però que hauria de ser aquella mateixa tarda, ja que l'endemà se n'anava a passar una setmana a Amalfi a casa del seu fill.

L'Abel era al balcó amb el quadern a les mans, dibuixant la vista de Santa Chiara. Li vaig explicar les novetats. Es va incorporar i em va abraçar tendrament.

—Te n'estàs sortint, col·lega —em va felicitar—. Potser tot plegat no et portarà enlloc, però sempre he sentit dir que el que importa és fer el camí.

La Piazza Eduardo de Filippo estava tan deserta com el dia que la vam descobrir, i el teatre tancat i barrat, amb el rostre de Totò pintat sobre les reixes. Al cap de cinc minuts va arribar un home baixet i amb un caminar cansat. Duia un barret de palla que li cobria el cap i avançava amb les mans a les butxaques d'una vella americana que li anava sobrera de per tot.

—*Signorina* Emma Bérnal? —va preguntar.

—*Sono io* —vaig respondre, i tots dos vam allargar-li les mans per encaixar-les.

En una llengua que costava d'entendre, de ben segur perquè en Lucio parlava més en napolità que en italià estàndard, ens va advertir que allò que li demanàvem no era gens habitual, i que no ho havia consultat ni a la direcció del Teatro Stabile, la companyia estable que el dirigia, ni a ningú de l'ajuntament. «Espero que no em facin cap mala jugada i que no sigui cap bretolada això que volen fer, perquè m'hi jugo la jubilació.» Em vaig afanyar a dir-li que no patís i que la nostra intenció era la que li havia explicat per sobre el senyor Mario. L'home no somreia, més aviat feia cara de pomes agres i no el vèiem gens convençut. Estava clar que no mostrava la disponibilitat de l'antic administrador de finques. Per telèfon havia contestat molt amable, i tant l'Abel com jo vam pensar que el canvi en la seva actitud es devia a la nostra edat: el senyor Lucio es devia pensar trobar dues persones grans i assenyades, i no pas dos postadolescents amb pinta d'anar pel món amb motxilla.

Finalment va fer que sí amb el cap, una mica a contracor, i es va treure un joc de claus de la butxaca de l'americana. «No toquin res», ens va advertir; «limitin-se a seguir-me i a preguntar-me el que sigui».

Quan vam ser dins, però, el conserge no va mostrar-se tan esquerp. Estava clar que reverenciava el seu lloc de feina de feia tants anys, i ens va anar mostrant les seccions del teatre. Fins i tot va obrir-nos la platea, va encendre tots els llums de sala i ens va deixar pujar a l'escenari.

—Deu tenir una infinitat de records aquí, oi, senyor Lucio? —li va preguntar l'Abel.

L'home va assentir. «Part de la meva vida l'he passada dins d'un teatre. He conegut un munt de gent important i de molta categoria. El senyor Totò, per exemple. O el senyor De Filippo, sense anar més lluny. Quins mestres!»

Quan vam ser dalt de l'escenari, l'un al costat de l'altra admirant l'imponent pati de butaques buit, vaig decidir explicar-li la meva història. Li vaig parlar de la mama Giulia, del teatrino, de la *nonna*. També li vaig dir que les veïnes de Vicaria Vecchia sospitaven que la meva mare havia sigut artista, però potser no actriu, en el sentit exacte del terme. Li vaig explicar el dibuix del teatre amb De Filippo, i la meva sospita, gens fonamentada, que el públic del Ferdinando hagués vist actuar la meva mare. Si fos així, si el teatre era el que apareixia en el meu relat, jo també hi havia estat més d'una vegada.

—Vostè no ho pot recordar, perquè fa molts anys i jo era una nena molt petita. Però potser li sona la història de la Giulia i la *nonna*, la seva mare.

—Hi ha moltes Giulies a Nàpols. Moltes actrius se'n diuen, de Giulia —va reconèixer.

—La meva mare era drogoaddicta —li vaig revelar—. Diuen que va morir d'una sobredosi. Ja sé que em dirà que hi ha hagut moltes actrius drogoaddictes...

—Malauradament n'he conegut unes quantes, té raó —i es va quedar rumiant, amb els ulls tancats—. Giulia, Giulia... Deixi'm pensar, senyoreta.

L'Abel em va agafar la mà i me la va estrènyer. Estàvem en una posició ideal, al mig de l'escena, com per agafar jo la mà del senyor Lucio i inclinar-nos tots tres endavant per fer una reverència al públic fantasma.

—Recordo una Giulia —va dir l'home, encara amb els ulls tancats—. Guapíssima. Una actriu prometedora. Era senzilla i riallera, molt amable amb el personal del teatre, molt disciplinada amb el director, *il signore* Marco Martinelli... Parlo de fa uns quants anys...

—Era actriu, doncs?

—Sí, i tant. Molt jove. Vaig tractar-la durant un grapat de mesos. Giulia què més? —es preguntava el senyor Lucio en veu alta—. No recordo que tingués cap filla, però sí potser una mare. Poques actrius es fan acompanyar ara per la mare, però abans sí que passava. Abans, vull dir molt abans, als anys cinquanta o seixanta, quan jo vaig començar a treballar de jovenet. De tant en tant, però, encara n'hi ha, d'aquestes que van amb la mare de bracet...

—Li sona que tingués problemes amb les drogues, aquesta Giulia que recorda?

En Lucio es disposava a fer que no amb el cap, però algun record li va fer interrompre el gest.

—No sé què dir-li... Vinguin, a veure si tenim sort i els puc mostrar una cosa —va afegir a continuació.

Vam tornar al hall d'entrada, a l'espai que antecedia el pati de butaques. M'hi havia fixat en entrar: les parets estaven plenes de fotografies emmarcades, una al costat de l'altra. En molts locals havíem detectat aquell gust dels napolitans per decorar les parets amb fotografies de record. En un restaurant de Via dei Tribunali, l'Abel va ser capaç de reconèixer tots els membres de la família que regentava el local a través de la multitud de fotos de diferents èpoques que s'hi exposaven. La majoria encara hi treballaven, i l'Abel va identificar-los i va provar d'esbrinar les relacions de parentesc entre les diferents generacions. Qui era fill o filla de qui, quins eren germans, quins eren els cunyats («els sobrevinguts», va dir). Vam passar-nos una bona estona confeccionant el mapa genealògic d'aquella família de restauradors gràcies a les fotografies de les parets, i ell s'ho va agafar tan a la valenta que al final, quan vam haver pagat el compte, es va atrevir a preguntar a una de les dones que hi feinejaven si ho havíem encertat. La dona es va mostrar orgullosa de la demanda i ens va lloar la perspicàcia. Només havíem comès un error, va dir, divertida, i és que el nen més petit, el que nosaltres crèiem que era el seu net, de fet eren dos bessons idèntics, i que en algunes fotos era l'un i en unes altres el seu germà (no ens havíem adonat que aquell nen apareixia per duplicat en algunes imatges).

Les fotos que penjaven de les parets del hall del San Ferdinando pertanyien a estrenes i a funcions que s'hi havien fet. N'hi havia de guixades amb la signatura de la personalitat fotografiada. Mentre en Lucio en buscava una en concret, ens va fer una visita guiada per la història del teatre. Vam veure-hi en Totò i molts actors i actrius que l'home anomenava com si fossin de la família.

—Vet aquí la que buscava! —va exclamar el conserge, i amb el dit ens va mostrar una fotografia en la qual es veia una dona jove somrient abraçada a un senyor més gran amb bigoti i barba—. Ella és l'actriu de qui us parlava. La Giulia Pontone.

L'Abel i jo ens vam apropar molt per veure-la bé. La noia tenia els cabells llargs i somreia, satisfeta i relaxada, mirant directament a l'objectiu. Duia els llavis pintats d'un vermell intens, i se li havia escorregut una mica el rímel de la pestanya dreta. Se la veia molt feliç al costat d'aquell home que l'abraçava. Estava molt prima i, en comparació amb l'home, devia ser força més baixeta. A l'escot del vestit vermell de tirants que duia, d'una lluentor com de seda, hi resplendia una flor de color taronja que de seguida em va fer pensar en aquella mena de sol que jo, de petita, havia dibuixat al pit de la mama Giulia a casa de la Liz.

No podia apartar els ulls de la imatge preguntant-me

si m'assemblava una mica a aquella dona. No hi havia cap nom ni cap data al peu de la foto.

De cop ens vam adonar que en Lucio era dins del receptacle que feia de taquilla i que parlava per telèfon.

—Podria ser ella? —li vaig demanar a l'Abel—. Creus que m'hi assemblo?

L'Abel no va contestar. Només va moure una mica els llavis, dubtós, i va torçar el coll. No, no m'hi assemblava gens, vaig admetre. Però em va fascinar el fet que aquella noia estigués contenta. Era actriu i, si més no durant una època, va ser feliç.

—He parlat amb un company —ens va anunciar en Lucio quan va tornar amb nosaltres—. Es deia Giulia Pontone, efectivament. I va morir molt jove. Va estrenar dues obres sota la direcció de Martinelli...

—Sap de què va morir?

—No. El meu company no ho recorda, i jo ni ho sabia. Li sona que algú li va parlar d'un accident. Ara bé, hi ha tantes menes d'accidents que ves a saber... Hi he pensat de tant en tant, en la Giulia Pontone! Tan agradable, tan riallera... Saben què recordo? Com es moria. Sí, en una de les obres, el seu personatge moria en escena d'una manera molt dramàtica. La *signorina* Giulia la brodava, aquella escena —va rememorar amb els ulls brillants—. Que bé que es moria! Era una actriu amb molt de talent!

Jo, de petita, havia explicat a la Liz que la mama Giulia era molt pallassa i que em feia riure. També recordo que vaig dir a la psicòloga que jo havia anat a buscar la mama Giulia al teatre quan em van dir que era morta. Era possible que, com el senyor Lucio, jo també m'hagués meravellat de veure-la morir en escena.

Tot eren possibilitats, suposicions o casualitats. Però ara sabia que en una ciutat bellíssima hi va créixer una nena que podia ser filla o no d'una actriu professional. D'una bona persona, riallera i amable que, sigui per la causa que sigui, havia abandonat la vida abans d'hora.

—Però he de donar-li una mala notícia, senyoreta —va parlar en Lucio, gratant-se el clatell—. Quants anys té, vostè?

—Gairebé dinou.

—No coincideixen les dates —va dir ell de seguida—. El teatre on som ara va estar tancat gairebé vint anys i no es va tornar a obrir fins al 2007. Jo treballava de conserge, però no aquí, sinó a la seu del Mercadante, el gran teatre de la Piazza Municipio. Quan es va rehabilitar el Ferdinando, jo hi vaig tornar. La Giulia Pontone, però, la vaig conèixer al Mercadante, i allà es va fer aquesta foto.

La revelació em va deixar confosa.

—Aleshores, a finals dels anys noranta, jo no podia haver estat en aquest teatre...

—Segur que no. Estava tancat. Potser el teatre que recorda era l'altre, el Mercadante.

—Però... Filippo... Vaig dibuixar un personatge que era Filippo...

—Potser no es tractava del *dottore* De Filippo, sinó d'un altre home que es deia així. Al Ferdinando no es va estrenar cap obra fins al 2007.

—Al 2007 jo ja tenia deu anys i vivia a Barcelona...

Aquell era tot el llegat incert, inestable i trontollós que havia pogut recuperar. Palplantada en el hall del Ferdinando vaig sentir com s'esvaïa una drecera que fins aquell moment semblava transitable. El senyor Lucio es va adonar de la meva decepció i va abaixar el cap.

—Podem fer una foto de la Giulia Pontone amb el mòbil? —va preguntar l'Abel.

—I tant.

Aquell va ser el moment en què vaig estar més a prop de la meva hipotètica mare biològica. Ningú, en els dies successius, ens va poder donar cap informació. Potser aquella dona feliç amb la flor a l'escot no tenia res a veure amb el meu passat, però tot i així no em cansava de mirar-la a la pantalla del mòbil. Tot i que havia mort massa jove, era el símbol perfecte de totes les mares desgraciades que, com la meva, havien tingut el seu moment de plenitud i de glòria.

GERMANS DE SANG

1

La mare m'havia trucat cada un dels set dies que vaig passar a Nàpols amb l'Abel. Trucava a mig matí i em preguntava, abans que res, com em trobava. Jo sempre li deia que bé, que la ciutat m'agradava, però que no em portava cap mena de record. Ella insistia en què no m'hi amoïnés, que en gaudís, que m'ho passés bé i que no m'angoixés amb la necessitat de voler reviure sensacions antigues i oblidades. A continuació em preguntava per coses pràctiques, com faria qualsevol mare: si l'hotel estava net, si el menjar era car, si els conductors respectaven les normes de trànsit...

El pare em va trucar dues vegades. La segona em va enganxar quan tornàvem de visitar l'interior del Ferdinando. L'hi vaig explicar tot, com sempre feia. Li vaig enviar per whatsapp la fotografia de la Giulia Pontone i ell va respondre dient que era molt guapa, però que no s'assemblava a mi. L'endemà li vaig enviar una fotografia del dibuix que m'havia fet l'Abel. M'havia posat una samarreta de tirants escotada i a l'escot m'hi havia encastat una flor de fulla ampla que l'Abel havia agafat d'una jardinera. M'havia pintat els llavis i havia provat de somriure com ho feia la Giulia Pontone a la foto original. El mateix gest, la mateixa expressió. L'Abel va ratllar amb el llapis la samarreta i els llavis, per enfosquir-los. El pare va escriure dient que, definitivament, no ens assemblàvem.

Tant ell com la mare van oferir-se a pagar-nos les despeses d'una excursió a les ruïnes de Pompeia o a visitar la costa Amalfitana quan els vaig anunciar la intenció de tornar a Barcelona. Ni jo ni l'Abel teníem ganes d'allargar aquell primer viatge, i vam rebutjar la proposta. L'últim matí el vam passar al Museo di Capodimonte, que l'Abel tenia ganes de visitar. Després vam tornar a l'hotel, vam recollir la maleta i la motxilla que el noi de recepció ens guardava i vam agafar un bus fins a l'aeroport.

Vam mantenir les mans entrellaçades durant tot el vol de tornada. De tant en tant ens miràvem i ens preguntàvem, sense parlar, què seria de nosaltres i de la nostra relació quan arribéssim a Barcelona. D'altra banda, jo em qüestionava com canviaria la meva vida després d'aquell estiu tan atabalat. Com seria la relació amb els meus pares, com m'afectarien les novetats durant el curs vinent. Com evolucionaria la relació amb en Pau Llòria i la seva família catalana: si voldria tornar a parlar-hi, si els coneixeria a tots, si els explicaria el poc que havia descobert, fos la realitat o una fantasia. No me'n refiava, d'en

Pau. Era una persona que no estava bé del tot i que s'obsessionava d'una manera estranya. El seu comportament envers la meva història era fosc i tèrbol, exactament com ho era el seu dia a dia. Jo no tenia cap necessitat d'endinsar-me en aquell món, ni de jugar amb ell a les endevinalles, com aparentment es proposava. La nostra última entrevista havia resultat tensa, i el fet que no m'hagués enviat cap correu durant la darrera setmana demostrava com l'havia afectat la meva reacció.

La mare havia tancat la galeria durant el mes d'agost i m'esperava per passar, com cada estiu, un parell de setmanes a la platja, a l'apartament de Sant Salvador, al Baix Penedès. El dia abans, per telèfon, m'havia suggerit d'anar-hi aquella mateixa setmana. També em va dir que el pare estava mirant d'organitzar-s'ho per acompanyar-nos un parell de dies, però la seva dona hi posava moltes traves.

—I tu què faràs? —li vaig preguntar a l'Abel—. Tornaràs al bar a veure si t'agafen?

—Ho intentaré, però em temo que l'amo no s'hi avindrà. No hi fa res. Ja ho tenia descartat.

—Parlaré amb la meva mare. Li explicaré això nostre. També li demanaré que et convidi a Sant Salvador, si no et donen la feina.

—Vols dir que no vas una mica massa de pressa?

—És el que em ve de gust. A partir d'ara, tinc la sensació que faré sempre el que em donarà la gana.

L'Abel es va quedar adormit sense deixar-me anar la mà. Em notava cansada, però no podia deixar de pensar en totes les experiències que havia viscut. Imaginava la Giulia Pontone viva, duent-me a l'aeroport i acomiadant-se de l'Ignasi Llòria. L'Ignasi m'arrabassava dels seus braços i ella es quedava feta pols i anava a drogar-se. Imaginava també els meus pares i els Llòria. Inventava com devia ser el dia que vaig deixar els uns per anar-me'n amb els altres. Em feia les preguntes de sempre: per què no van lluitar per mi en Pau i la seva dona, o en Pau i els seus pares? Per què es van estimar més que jo me n'anés amb una família desconeguda? Aleshores en Pau estava bé de salut i tenia una bona posició social. Estava casat, tenia un fill... jo hauria pogut ser una segona filla... M'inquietava que en Pau, després d'un mes, no hagués dit a la seva mare que m'havia trobat. I que no n'hagués parlat amb el seu fill, el meu cosí. Per què els ho amagava? Ell deia que era per no fer-me patir, per seguir el meu ritme. Havia de ser jo qui digués, «d'acord, doncs ara vull conèixer la meva àvia biològica»?

I tornava amb insistència el misteri de l'acollida. Per què tan de pressa? Per què tan fàcil? L'Ignasi Llòria encara no havia desaparegut. No es preocupava de mi, i podríem dir que em maltractava negant-me atenció i aliments. Però era allà, i era viu, i era el meu pare. Per què es va estimar més separar-me de la seva família natural?

Quan l'avió ja anunciava l'aterratge a l'aeroport del

Prat em va passar pel cap la idea d'anar a veure la mare dels germans Llòria. Ella devia saber coses que el seu fill, ves a saber per què, m'amagava.

Vivia en una residència a Santa Coloma de Gramenet. Hi podia anar en metro.

A l'avió, abans d'aterrar, vaig ventar una estrebada a la mà que l'Abel em donava.

—Ens hem passat de parada!!! —vaig xisclar.

—Hòstia! —va fer ell, encara adormit i mirant d'incorporar-se malgrat la tibantor del cinturó—. Idiota.

—Doncs ja veig que el viatge a Nàpols t'ha transformat completament... —va deixar anar la mare, movent una mica el cap—. En tots els aspectes.

—Algun dia havia de passar, mare. Ja no soc una criatura.

—Conec l'Abel des que teníeu tretze anys... Ni m'havia passat pel cap que tornéssiu a sortir... i menys que féssiu l'amor. I tot finançat per una servidora —no se'n va poder estar de dir.

—No siguis burra, mare. Podia haver passat a qualsevol lloc i amb qualsevol tio.

Vam parlar molt de Nàpols. Va voler saber el contingut de les entrevistes amb tot detall. Es va emocionar mentre jo l'hi explicava, i va deixar anar unes llàgrimes quan li vaig mostrar la fotografia de la Giulia Pontone.

—No sé si us assembleu gaire —va reconèixer, entre sanglots.

—Probablement no és la dona que busco.

Vaig portar la maleta a l'habitació i la vaig desfer. Vaig posar una rentadora mentre la mare feinejava a l'ordinador. «M'has d'explicar totes les passes de la recerca, reina. Vull saber com vas arribar a la foto d'aquesta actriu», m'havia exigit.

Una setmana a la platja m'aniria de primera. De fet, ho necessitava. Abans de marxar, però, volia resoldre alguns dels interrogants que m'assetjaven durant el vol de tornada. Parlar clar amb en Pau Llòria i exposar-li, d'una vegada per totes, la meva exigència inajornable de rebre totes les informacions que ell tenia i que no em volia donar. L'estada a Nàpols m'havia obert els ulls i la ment. Estáva preparada per entomar qualsevol dada negativa. Potser no hi havia cap mala intenció per part seva i, com em deia una vegada i una altra, no volia fer cap pas en fals ni fer-me patir. Però la nova Emma no necessitava aquell ritme pausat, aquella manera de caminar de puntetes sobre alguns dels aspectes de la meva vida passada com ho faria una princesa de conte damunt d'una superfície de cristall. La nova Emma era forta, i estava capacitada per entendre, valorar i fins i tot perdonar qualsevol actitud del passat. De fet, la nova Emma volia tenir totes les cartes damunt de la taula, les bones i les dolentes, per poder continuar jugant la partida.

Tampoc volia ajornar l'entrevista amb la meva àvia biològica. Volia saber on era la residència d'avis on vivia, i necessitava anar a veure-la.

També m'aniria bé estar tranquil·la a Sant Salvador per reflexionar sobre l'afer amb l'Abel. Feia vuit dies érem dos amics. Ara érem dos amants que havien conviscut junts, sense separar-se ni un moment, 192 hores, 115.000 minuts. Se'm feia estrany no tenir-lo a la vora, imaginar-me que no dormiria al seu costat aquella primera nit que començava a caure damunt de la ciutat de Barcelona.

Vaig trucar a en Pau Llòria. Em va demanar com havia anat el viatge. Li vaig proposar una cita per veure'ns i poder-li fer unes preguntes. La meva seriositat el va desarmar, ho vaig notar de seguida. Li vaig dir que li trucaria per quedar.

—Et noto estranya, Emma. Ha anat tot bé?

—Sí. Però no vull parlar per telèfon.

Tenia clar que no aniria sola a la cita, i vaig trucar a l'Abel. Misteriosament, els del bar l'havien tornat a agafar.

—O no troben personal o han tingut algun problema amb algú fa un parell de dies i necessiten un substitut de seguida. Si no, no m'ho explico.

Li vaig explicar que volia quedar amb en Pau i que necessitava que m'hi acompanyés.

—A quina hora plegues demà? Tu em dius quan acabes el torn i a aquella hora quedo amb en Pau. On et vagi bé.

L'endemà feia torn de tarda i acabava a dos quarts de nou. L'Abel mateix em va suggerir de quedar a la cafeteria Alaska del passeig de Sant Joan. «Hi trucaré per saber si tenen obert a l'agost.» Un cop confirmat, vaig trucar a en Pau i li vaig anunciar el lloc i l'hora de la cita.

Vaig quedar amb l'Abel a la sortida del metro Verdaguer i vam anar plegats cap a la cafeteria. En Pau ja hi era, assegut en una taula de la terrassa.

—Hola, Pau —vaig saludar-lo—. Et presento l'Abel.

L'home, destorbat i incòmode, evidentment sorprès, no va fer el gest de saludar-lo.

—Qui és aquest? —va preguntar amb un fil de veu i clavant els seus ulls en els meus.

—Seu, Abel —li vaig dir indicant una cadira, i de seguida em vaig dirigir a l'home—. Es diu Abel i no t'he n'he parlat mai, encara. És el meu nòvio. Fa dos anys que sortim junts.

—Però...

—L'Abel està al cas de tot, Pau. Des del primer dia.

—Però... —va insistir, desconcertat.

—L'Abel va acudir, d'amagat, a la primera cita que vam mantenir tu i jo aquí mateix després de saber tota la història —li vaig revelar—. Ell sempre m'ha donat seguretat i no m'ha deixat mai sola. Hem anat junts a Nàpols. També vull que ho sàpigues.

En un rampell en què s'hi evidenciava un cert grau d'inseguretat, però també de violència, en Pau Llòria es va posar dret no sense abans llançar-me una mirada furiosa.

—Si te'n vas, Pau, no em veuràs mai més —vaig dir-li, impassible.

Ell, fent que no amb el cap i malhumorat, va tornar a seure. Desmanegat sobre la cadira, ridícul amb el seu uniforme d'oficinista mediocre, va entrellaçar els dits de les dues mans i es va quedar mut, mirant-nos l'un i l'altre alternativament.

—Aquesta història que ens ha reunit, Pau, no és cap joc de pistes. És la meva pròpia vida, i ja et vaig dir el primer dia que les normes les posaria jo. Hi tinc tot el dret.

Tots dos ens vam mirar fixament i en silenci.

—Què passa, exactament? —vaig sentir que preguntava l'Abel.

—Estic decebut, Alba —va dir en Pau Llòria.

—Més n'estic jo —vaig respondre, molt seca—. Em vas buscar per ajudar-me, per fer-me saber una història que jo desconeixia. La meva pròpia història. I t'ho agraeixo, Pau. Però la teva obligació és explicar-me tot el que vull saber. No vull jugar al gat i a la rata, perquè no entenc què coi pretens. Sé que tens una vida difícil i complicada —vaig continuar, sense expressar cap emoció—. Intueixo que la meva reaparició ha omplert de llum el teu dia a dia de misèria i de fracàs, però has de saber que jo no soc culpable que les coses t'hagin anat malament, ni soc l'alegria que ha de reactivar els teus dies. No soc la teva esperança. No soc la teva amiga. Sí que soc la teva neboda, però no la teva amiga —vaig insistir, duríssima, sense treure-li els ulls de sobre.

L'home em triplicava l'edat, però en aquell moment era un nen desvalgut davant meu. Un nen poruc i desconcertat que escoltava les recriminacions de la seva mare autoritària i que n'entomava les crítiques amb resignació. Un nen humiliat, incapaç de replicar a la persona que li retreia les seves nul·les aptituds. L'home m'escoltava sense parpellejar. Minúscul, encongit a la cadira, indefens, a punt de posar-se a plorar, la seva estampa em va fer molta pena. Però en el fons de tot, sabia que la persona digna de compassió era jo, no ell.

—Ho he fet el millor que he pogut, sempre pensant en el teu bé. No esperava que les coses anessin d'aquesta manera, Alba...

—No em dic Alba, Pau. Soc l'Emma. Soc una noia de divuit anys i mig que es diu Emma Bernal i que té ganes de saber qui era l'Alba que tu busques. Però no soc ella. I no puc trobar-la si tu no m'hi ajudes. Vull buscar-la a la meva manera, no a la teva. Hem anat a Nàpols i hem intentat saber coses de la meva mare biològica. Et sona una tal Giulia Pontone? Et sona si podria ser aquest el nom de la meva mare? Ho hem hagut d'esbrinar sense cap més ajuda que l'adreça que hi havia en aquell sobre buit que em vas donar...

—No vaig conèixer la parella del meu germà —em va interrompre en Pau—. No en sé res, d'ella, i no havia sentit mai aquest nom que dius.

—Menteixes. Estic segura que en saps coses. I també estic segura que no me les vols dir i no entenc per què. Qui va escriure aquella carta, Pau? Què hi deia? Què demanaven o sobre què us informaven? Si no m'ajudes, t'asseguro que no em tornaràs a veure el pèl. No respondré a les teves trucades. No llegiré cap dels teus correus. Estic disposada a canviar d'adreça electrònica i de número de telèfon. També estic decidida a denunciar-te si, malgrat tot, em persegueixes.

—No esperava que les coses anessin d'aquesta manera... —va repetir l'home.

—Les coses són com són. Qui millor que jo per saber-ho. Ja t'ho vaig dir una vegada. —Es va acostar el cambrer i ens va demanar què prendríem.— No res, gràcies. Marxem de seguida. —I a continuació em vaig adreçar a en Pau.— Pensa-hi, Pau. Fes-ho de la manera que vulguis. Escriu-ho, per exemple, i envia-m'ho per correu. Vull saber-ho tot. Vull que em parlis de la meva mare, de la meva àvia, la d'aquí i la d'allà; del meu pare. De tot, m'entens? Que sàpigues que, a partir d'ara, l'Abel sempre serà al meu costat.

En Pau, fent que no amb el cap, es va posar una mà davant de la boca. La situació el superava, sens dubte, i s'havia quedat sense saber com reaccionar.

—Potser hi ha coses que no t'agradarà saber, Alba...

—I a tu què t'importa? —el vaig escridassar, nerviosa—. Què collons n'has de fer, del que penso o del que em semblen les coses? Vas venir a buscar-me! Tens l'obligació de dir-me tot el que saps!

L'Abel es va posar dret i em va demanar que em calmés i que marxéssim.

—Jo no et vull fer mal, Alba —va dir en Pau, cohibit.

—Anem, Emma —va insistir l'Abel.

—No em dic Alba! No soc l'Alba, Pau Llòria! No soc la nena que busques! Ets un sàdic! Dius que no vols fer-me mal i me'n fas molt més del que t'imagines! No vull jugar al teu joc! Em treuen de polleguera, els teus misteris i les teves insinuacions!

No m'havia adonat que cridava i que plorava a llàgrima viva. Els clients de les taules veïnes s'havien girat i escoltaven, intrigats, tot el que jo li retreia a aquell home que, impassible, continuava assegut a la cadira.

L'Abel em va agafar fort per les espatlles i em va obligar a mirar-lo als ulls.

—Prou, Emma. Ja està. Ara marxarem i provaràs de calmar-te.

Mentre se m'enduia carrer avall, vaig captar una darrera imatge d'en Pau Llòria a la terrassa, capbaix, avergonyit. Incomprensiblement, després de descarregar la meva ràbia, vaig sentir per ell, més que mai, una pena immensa.

2

Estimada Alba:

Ahir, l'endemà de la nostra última i decebedora trobada, el meu fill se'n va anar de casa.

La nit abans me'n vaig anar a dormir tardíssim i amb una moral tan devastada que vaig estar temptat de passar per urgències del Sant Pau. No et vull culpar de res (tampoc puc fer-ho, no hi tinc cap dret), però reconec que em vas ferir en el més profund de la meva ànima. Em vaig sentir menystingut, humiliat, enganyat i completament desatès per part teva. Quina supèrbia, Alba; quina manera més indigna de tractar-me... Ets una dona sense sentiments? Ets de debò tan cruel i tan insensible com et vas mostrar amb mi aquella tarda? Sense pietat, sense ni una engruna de compassió? Saps com soc i com he viscut els darrers anys de la meva vida. Saps, d'altra banda, quantes esperances he posat en el nostre retrobament i com ha trontollat el meu món des del dia que vas aparèixer a buscar aquell mòbil extraviat. Soc un home malalt, desencantat i poruc, i penso que em mereixo un tracte mínimament digne, Alba, per part teva i per part de tothom, però especialment per part teva, que m'esforço per no deixar-te sola en el dur tràngol de saber.

De sobte em vas fer sentir que jo no era ningú. Que confiaves més en aquell marrec esprimatxat que ni tan sols va obrir la boca. Quin era el seu paper? Havia d'actuar de pinxo? El vas dur per provar d'espantar-me? De què dimonis t'havia de defensar, Alba? Va ser com si em clavessis una navalla al cor.

Tant se val. L'episodi encara em commou quan hi penso. No oblido cap dels retrets que em vas fer, ni cap de les paraules punyents, ni cap de les apreciacions subjectives i malintencionades. Vaig arribar a casa fet un nyap després de perdre'm, exhaust, pels carrers de la Barcelona que més odio, la que està plena d'estrangers que venen a robar-nos el poc que tenim i que es pixen a les nostres voreres. En fi. Només em faltaven ells per acabar d'enfonsar-me. Vaig arribar a casa suat i desmoralitzat, amb l'únic desig de llançar-me pel balcó... Per a què havia servit tot? On havíem arribat? Després d'obrir una ampolla de vi que els metges em tenen prohibit, vaig iniciar una carta que al cap d'unes hores vaig esborrar. T'ho explicava tot, Alba. T'ho deia tot i a raig, sense controlar-me, sense tenir en compte allò que per a mi és primordial i innegociable: no ferir els teus sentiments, tractar-te amb tota la cura, no provocar-te cap recel ni fer-te cap mal.

El meu fill va arribar al vespre. Em va trobar assegut a la terrassa, mig borratxo. No et pots ni imaginar la cara de fàstic amb què em mira de tant en tant. Jo no havia fet el sopar, ni havia comprat el que m'havia encarregat, ni havia posat la rentadora tal com li havia promès que faria. Pensava fer-ho després de la nostra entrevista, Alba, però em vaig veure incapaç. Aleshores en Raül va descarregar la seva ira contra meu. Per segon cop durant aquella jornada, algú a qui estimo (o hauria d'estimar) no es tallava ni un pèl a l'hora de maltractar-me. L'alcohol m'havia envalentit, ho reconec. No em vaig quedar callat i impotent com havia fet davant teu unes hores abans, sinó que vaig saltar, furibund, i vaig escridassar-lo com fa temps que no feia. No només això. La meva llengua, incontrolada, va deixar anar moltes de les coses que no li havia dit mai, alguna de les quals t'acabava d'escriure a tu en la carta que finalment vaig estripar.

En Raül em va colpejar molt fort. Es va abalançar damunt meu i no va tenir cap consideració envers la meva malaltia. M'ha pegat algunes vegades, en Raül, però mai com abans-d'ahir. Després va escopir-me a la cara i va marxar del pis ventant un cop de porta.

Va tornar de matinada, quan jo, per fi, havia agafat el son. Em va despertar el so de traginar objectes i d'obrir portes d'armaris sense cap cura. Devien ser les vuit del matí quan va treure el cap a la meva habitació i em va anunciar que se n'anava per sempre. Que s'enduia tots els calés i la targeta de crèdit que tenim a nom de tots dos. Em va amenaçar amb matar-me si feia qualsevol cosa per aturar-lo o denunciar-lo. «He parlat amb la mare», va dir, «ella també pensa que ha arribat l'hora que et podreixis tot sol en aquest cau infecte». I va sortir de casa.

No ha tornat. No sé on para ni m'interessa. No vaig fer res per aturar-lo ni per demanar-li perdó.

Vaig veure en ell, més que mai, els trets i l'actitud de l'Ignasi.

I et vull dir una cosa: l'altre dia, a la cafeteria, al costat del teu amic silenciós i titella, em va doldre reconèixer també en tu la imatge del teu pare. Em va doldre en l'ànima, Alba. Et vas comportar com ell. Em vas tractar com ho feia ell. Vaig descobrir la lluentor dels seus ulls en la teva mirada, i el to de la seva veu en la manera que parlaves. Ferit, vaig descobrir el monstre de l'Ignasi en la figura d'una noia adorable. I vaig tenir por, Alba, molta por.

3

Mentre sopàvem amb la mare i jo ja havia començat a fer la maleta que volia endur-me a Sant Salvador, vaig preguntar per la mare d'en Pau Llòria. La mare es va quedar en silenci. Després va insistir que la coneixia ben poc, aquella dona. Que s'havien vist un parell de vegades, i s'havien trucat unes quantes més. Va repetir, desarmada, que li feia molta pena. Que es notava que havia tingut una vida desgraciada i que li sabia greu com li havien anat les coses. També va dir que havia sigut una sort que s'apartés voluntàriament de la nostra vida.

—En Pau la té en una residència d'avis. —La mare no va fer cap comentari i va continuar sopant, tot i que va tibar una mica l'esquena.— A Santa Coloma de Gramenet —vaig afegir, mirant-la. Ella, muda, va fer l'acció d'acostar-se la forquilla a la boca, però amb un gest poc natural.— Ho sabies?

—El què? —va preguntar sense mirar-me.

—Això que et dic. Que viu en una residència a Santa Coloma.

La mare es va encongir d'espatlles.

—Potser sí que em sona. Potser ho va comentar en una de les seves últimes trucades. Potser ja hi vivia aleshores —va dir, esforçant-se a simular que aquella qüestió no li interessava.

—Mira'm, mare —li vaig demanar. Ella ho va fer, i va parpellejar d'una manera postissa.— Saps on és aquesta residència? Has anat mai a visitar-la?

—És clar que no! —va exclamar, atordida—. Com se t'acut que jo... No, és clar que no hi he anat mai...

—Però potser saps on és —la vaig interrompre—. Potser en tens l'adreça o el telèfon.

Estava completament descol·locada i va fer tota mena d'escarafalls. Jo no deia res. Només escoltava les seves frases tallades, les seves incongruències a l'hora d'evitar parlar-ne. Finalment va deixar els coberts de qualsevol manera damunt de la taula i es va fregar la boca amb el tovalló.

—Potser sí que els tinc! En algun lloc, ves a saber, Emma. No n'he volgut saber res més, d'aquella dona...

—M'agradaria anar-la a veure, mare.

—No diguis bestieses, Emma, si us plau! Si t'ha costat entendre't amb aquell home, en Pau, imagina't amb la seva mare! És una dona gran que viu en un geriàtric. Potser no està bé del cap! Eren una família molt peculiar i molt desgraciada...

—Això ja ho has dit, mare.

—El teu pare i jo encara et podem explicar molts detalls... Et podem donar tota la informació que demanes, Emma. Ens has de preguntar tot el que vols saber i nosaltres t'ho direm... No has de permetre que aquella gent et desestabilitzi. Han patit molt. Han perdut un fill que era drogoaddicte i que només els havia causat problemes... Imagina't com deu estar la pobra dona —insistia.

Durant aquella conversa ho vaig acabar de decidir. Encara que la mare no suportés la idea, jo aniria a parlar amb la meva àvia biològica de seguida.

—Busca el telèfon o l'adreça, si us plau. Hi aniré demà al matí, i després marxarem a Sant Salvador.

Va perdre el control. Gesticulant com si s'hagués tornat boja, va dir que ni pensar-hi; que ja m'ho podia treure del cap. Que telefonaria al meu pare, que ell em diria el mateix. Que no em permetria fer una bajanada com aquella. I sí, va trucar al pare. Ho va fer des de l'habitació, perquè jo no la sentís. Sense pretendre-ho, tot s'havia complicat. Què havia passat, en realitat? Per què la mare havia perdut els estreps? Jo mateixa em vaig quedar perplexa. A què venia tot aquell terrabastall emocional?

La mare, esverada, va entrar a la cuina amb el mòbil a la mà i me'l va allargar d'una revolada.

—Parla-hi, és el teu pare.

La trucada intempestiva de la mare devia haver agafat el pare per sorpresa, a casa seva de París, amb els bessons mig sopats (en sentia un que bramava). Atabalat, va provar de mostrar-se conciliador amb mi i crític amb la precipitació de la mare.

—Però escolta la mare i fes el que sempre fas, cony, que és asserenar-te i...

—Estic molt serena, papa —li vaig dir—. És la mama que s'ha posat com una moto quan li he suggerit la idea d'anar a parlar amb la mare d'en Pau Llòria...

—Ho sé, ho sé —repetia, esverat—, però tot és difícil i complex, no sé si m'explico, i jo ara soc lluny, i tinc els nens fent el burro, que la seva mare avui no és a casa... No perdem el seny, Emma. Escolta la mare —va insistir—, i demà ens truquem i parlem, amb calma. Jo també penso que no és bon moment per anar a entrevistar-te amb aquella dona...

—I m'agradaria saber per què, papa —el vaig interrompre.

—Perquè tot necessita un temps, i tu ara arribes eufòrica de Nàpols i vols anar massa de pressa... no és ben bé això el que vull dir, però pensa que només n'hem pogut parlar uns dies, Emma, tots tres plegats, vull dir, i penso, com ta mare, que som nosaltres els que hem d'explicar-te les coses, i evitar interferències de terceres persones... Hi ha circumstàncies que no es poden explicar per telèfon a tanta distància i amb un marrec de dos anys que no para de cridar com si se l'emportés el dimoni... *Tais-toi, Philippe, s'il te plaît*! —va escridassar el seu fill apartant l'auricular.

—No et preocupis, papa. Estigues pels nens.

—Passa'm a ta mare abans de penjar, reina —em va demanar.

Li vaig dir adeu i vaig passar el telèfon a la mare, que s'estava dreta, arrapada al respatller de la cadira i que, un cop recuperat el telèfon, va sortir espitada cap a la seva habitació. Vaig veure clar que, malgrat el cap de setmana que vam passar junts, hi havia moltes coses que no s'havien dit encara. I devien ser elements prou importants com per haver provocat aquella reacció. En el fons els entenia. Segur que tenien raó: no era qüestió de ventilar l'assumpte en aquell moment, ni que ho hagués de fer la mare sola, però em va doldre en el cor saber que m'amagaven dades importants. Fins i tot em vaig preguntar si hauria canviat la meva experiència a Nàpols si les hagués sabut abans... Què podia ser allò que els atemoria i que no m'havien explicat? Quines parts de la història amagada els havia tret de polleguera?

—Ja has sentit el teu pare, Emma —va dir la mare, que havia tornat a la cuina fent esforços per no mirar-me als ulls—. M'ha promès que farà tot el possible per venir a passar un parell de dies a Sant Salvador amb nosaltres... aquest cap de setmana mateix, si aconsegueix organitzar-s'ho...

Cap de les dues va ser capaç de parlar durant la resta del sopar, que es va acabar de seguida. La mare em va dir que em preparés la maleta per anar a la platja, i que no m'amoïnés, que parlaríem de tot i que em mereixia uns dies de descans rodó. Vaig dir a tot que sí i em vaig tancar a l'habitació, i això que no havien tocat ni les onze.

Vaig acabar d'omplir la maleta sense fixar-m'hi. El meu cap no feia altra cosa que donar voltes a uns temes que desconeixia. Patia sense saber per què.

L'Abel i jo vam parlar per whatsapp una bona estona. Ell va notar de seguida que jo no estava com sempre. Li vaig confessar que em preocupava una reacció que havia tingut la mare. Va preguntar-me si tenia res a veure amb el que havia passat a Nàpols i li vaig dir que no, que ja l'hi explicaria quan ens veiéssim.

—Però... l'hi has dit tot? —va preguntar amb un fil de veu.

—Tot. Amb pèls i senyals —em va fer riure com es va quedar mut a l'altre costat del telèfon—. És broma, idiota.

Abans d'apagar el llum, em va semblar sentir que la mare plorava. La vaig trobar a la cuina. S'havia posat el pijama i bevia una copa de vi encarada a la finestra.

—Em sap greu el que ha passat, Emma —va dir, sense girar-se, quan va descobrir-me reflectida al vidre.

—El problema, mare, és que jo no sé què ha passat. Per això no puc entendre que et sàpiga greu.

—El teu pare m'ha trucat fa deu minuts. No podrà venir fins al mes que ve —em va anunciar mentre es girava. Estàvem cara a cara, les dues tan soles i tan perdudes. Què seria de nosaltres, aïllades a l'apartament de la platja?— Aquella dona viu aquí —em va dir, allargant-me una targeta—. Només m'agradaria demanar-te un favor: tingues paciència i no treguis conclusions fins que no hagis parlat amb el pare i amb mi.

A la targeta hi havia l'adreça i el telèfon de la residència geriàtrica a Santa Coloma de Gramenet.

Vaig anar amb metro fins a Santa Coloma. La mare havia insistit a acompanyar-m'hi i jo m'hi havia negat. Li vaig assegurar que, passés el que passés, a la tarda seria a casa i marxaríem a la platja. A l'Abel ni tan sols li vaig anunciar la meva intenció d'anar a veure la mare d'en Pau Llòria.

Abans de sortir de casa i després de consultar al google maps què havia de fer per arribar a la residència, vaig comprovar que en Pau m'havia enviat un correu llarguíssim. No vaig tenir ganes de llegir-lo, però sí que el vaig imprimir. Si em venia de gust, el llegiria durant el trajecte en metro.

No ho vaig fer, però. Vaig estar badant, primer dreta i després asseguda. Mirava la gent. Em fixava en la roba estiuenca que duien. Em preguntava on anaven i d'on venien. Si algú treballava o tothom estava de vacances. Hi havia grupets de joves que reien. Molts eren sud-americans. Vestien bermudes llampants i samarretes de tirants, i portaven gorres cridaneres amb la visera al clatell. Vaig enyorar la colla. Sortir amb ells, despreocupada i amb ganes de fer l'imbècil. De riure per qualsevol cosa.

Sortint del metro vaig tenir la temptació de trucar a en Pau i anunciar-li que em dirigia a veure la seva mare, i que em confirmés el que jo sospitava: que encara no li havia parlat del nostre retrobament. No podia preveure la reacció de la dona quan li digués qui era jo. Si seria un cop fort, si fins i tot podria provocar-li un infart. En Pau m'havia dit que la seva mare no era la d'abans, que havia perdut facultats físiques i psicomotrius des que vivia en aquella institució. No, em vaig dir mentre tornava a guardar el mòbil a la bossa, en Pau no consentiria aquella visita i ben segur es presentaria immediatament allà on fóssim i ho enviaria tot a rodar, com la darrera vegada.

Vaig demanar per la senyora Consol Guillamet. Vaig anunciar que era la seva neta i que feia més de deu anys que no ens vèiem. La mare m'havia revelat el seu nom complet: era el primer cop que el sentia.

La recepcionista va avisar una de les infermeres que feinejaven, i aquesta em va acompanyar fins a la sala on s'aplegaven els interns fins a l'hora de dinar. El panorama era desolador: els avis i les àvies, molts en cadira de rodes, formaven dues rotllanes força perfectes, una a la zona dreta i l'altra a l'esquerra de la sala. A la de la dreta, les cadires i butaques estaven orientades cap a un televisor força gran de pantalla plana que havien fixat a la paret i que en aquell moment retransmetia un concurs on una ruleta virolada era empentada pels concursants a veure si la sort els procurava un bon grapat d'euros. Els avis de la zona esquerra devien ser els que passaven de la tele, però no conversaven entre ells.

La Consol seia en una cadira de rodes i semblava que s'havia quedat adormida. Tenia el cap caigut endavant, la barbeta sobre el pit. Duia una bata d'estiu de color blau fosc i per sota li sortien dues cames blanquíssimes i dos peus calçats amb sabatilles. M'hi vaig apropar. Una veïna em va indicar amb gestos que podia agafar una cadira de les que hi havia arran de la paret i acostar-la a la dona. Així ho vaig fer.

Tot i que vaig procurar no fer soroll, la Consol va alçar el cap i va obrir les parpelles quan acabava de seure. No feia ulls d'adormida, al contrari: era com si hagués estat amb els ulls tancats voluntàriament. Tenia una mirada viva i directa. No es va sorprendre de veure'm allà asseguda, mirant-la amb un somriure als llavis.

—Hola, àvia. Soc l'Alba —em vaig presentar.

La dona semblava meravellada, però no inquieta. Era com si hagués descobert alguna espècie fascinant dins d'una peixera.

Em va reconèixer de seguida.

—L'Alba —va dir, i em va demanar que li donés la mà. Se la va apropar a la cara i va flairar profundament abans de besar-me-la.— L'Alba —va repetir, i va somriure—. T'hauria reconegut encara que haguessin passat cinquanta anys.

—Déu-n'hi-do els que han passat! —vaig dir-li.

—Quants?

—Ara en tinc gairebé dinou. No m'ha vist des que en tenia tres o quatre.

—No em tractis de vostè. Qui t'ha dit que vivia aquí? —va preguntar a continuació, sense deixar-me anar la mà.

—En Pau em va trobar. De casualitat, fa un parell de mesos.

—A Barcelona?

—Sí. Una història una mica llarga. Veig que no li... que no te n'ha dit res.

No va fer cap gest, però continuava admirant-me

amb un interès gairebé científic. Duia el cabell gris ben pentinat i feia olor de colònia. Tenia la cara molt arrugada, amb dues grans bosses liloses sota els ulls. S'assemblava a en Pau, sens dubte.

—Estava segura que un dia vindries.

—Fa poques setmanes que sé qui soc i d'on vinc. Els meus pares no m'havien explicat mai que em van adoptar i que tenia una altra família. És per això que no he vingut abans.

—No els ho tinguis en compte. Segur que han procurat el millor per a tu.

—Sí, ho han fet. He tingut una vida feliç. Ara estudio a la universitat.

Es va apropar la meva mà al nas i va tornar a flairar profundament, amb els ulls ben oberts, com si seguís el rastre d'un animal.

—Encara fas l'olor de l'Ignasi. El meu fill feia la mateixa olor —va tornar a flairar amb avidesa—. Feia anys que no podia ensumar-la. Ha vingut, ell? —va preguntar tot d'una, sense mirar-me.

—Qui? —La Consol no va contestar.— He vingut sola.

—No m'he perdonat mai el que va passar aleshores. Em fa feliç saber que has tingut una bona vida, però em dol a l'ànima no haver lluitat per no perdre't.

—Ara he tornat —vaig dir, disposada a consolar-la.

—I estàs sana, no saps que contenta em fa saber-ho.

Has crescut i fas goig. Ets una jove molt atractiva. Pensava que series més rossa. És el teu color de cabell natural?

—Sí, és clar.

—El teu pare era més ros —va somriure—. De cabell deus haver sortit a la teva mare.

—Saps com es deia? La vas veure mai?

—La teva mare? No. No sé res d'ella. L'Ignasi no ens en va voler parlar mai. Era italiana. Estava malalta, pobra noia —va fer una pausa, sense deixar-me anar la mà, i es va quedar uns segons amb la mirada perduda—. La nostra família ha patit molt. No hem tingut sort a la vida. Jo em consolava pensant que tu te n'hauries sortit. Em deia que, malgrat la desesperació i el dolor de perdre't, potser va ser el millor que et podia passar. Salvar algú. Salvar-te a tu.

—Així ha sigut. Tot m'ha anat bé.

Vam quedar-nos una bona estona en silenci, totes dues. La Consol em mirava. Se li havien humitejats els ulls. S'anava acostant la meva mà al nas, de tant en tant.

—No cal que sigui avui, àvia —vaig dir finalment—, però m'agradaria que m'expliquessis coses que no sé. Coses que no m'han explicat els pares i d'altres que no m'ha dit en Pau. I que em parlis de l'Ignasi. L'he vist en fotografies —la Consol va assentir amb un cop de cap, sense perdre el somriure—. Et puc venir a veure de tant en tant, si a tu no et fa res.

—No, i ara. M'agradarà que vinguis. Però sí que et

donaré un consell —va anunciar, posant-se seriosa de cop i volta. Va deixar d'acaronar-me la mà i em va clavar la mirada als ulls.— No t'hi acostis. Fuig d'ell. No li diguis mai que vens a veure'm.

—Parles d'en Pau?

—Sap que ets aquí?

—No.

—Evita'l sempre que puguis. Allunya-te'n. Ja sé que una mare no hauria de dir aquestes coses. Voldrà enganyar-te i fer-te mal, com ens n'ha fet a tots nosaltres. Em sap greu malparlar d'una persona malalta, però he de procurar pels que estem vius i no permetre que ens acabi de malmenar. Especialment a tu, Alba. Ara que has tornat i que tinc la possibilitat de demanar-te perdó, lluitaré com una fera per aconseguir-ho. Ell intentarà impedir-ho, com ha fet sempre. Saps què em va arribar a confessar? Que els calés se'ls havia quedat ell. Que el seu pla era robar-los a l'Ignasi i quedar-se'ls. «Per tot el que hem patit», em va arribar a dir...

—Quins calés? De què parles, àvia?

—Els calés se'ls volia quedar ell, el malparit! —va exclamar, clavant-me les ungles al canell que fins aleshores havia subjectat amb tanta tendresa—. Ja sé que probablement l'Ignasi se'ls hauria gastat de seguida, fugint, o en drogues... imagino que saps que el teu pare era un addicte... Però hi havia la possibilitat... la remota possibilitat, Alba, que els calés haguessin servit per iniciar una nova vida lluny de l'infern de les drogues, lluny de Barcelona, lluny de la nostra família... O per pagar un tractament definitiu contra la greu malaltia que patia... T'asseguro que aquesta possibilitat hi era, Alba; el teu pare m'ho va dir seriosament, i jo me'l vaig creure, perquè confiava en ell, perquè me l'estimava més que cap altra cosa en aquest món... Ell deia que l'Ignasi va fugir amb el botí i que se'n va anar a Amèrica del Sud a drogar-se i a gastar-se'l en putes mexicanes... Però jo tinc raons per pensar que ell el va matar. Que li va demanar els diners que vas costar i que l'Ignasi no els hi va voler donar i que per això el va matar, no sé on ni com, però que va matar el meu fill malalt i que es va desfer del cos, tampoc sé com, perquè ningú no el trobés mai...

Dissimuladament vaig enretirar una mica la cadira fent força amb els peus i em vaig alliberar de la seva mà, que s'havia convertit en una urpa. Aquella dona pacífica havia patit una transformació brutal. Gesticulava exageradament i les venes del coll se li marcaven com si haguessin d'esclatar mentre parlava d'aquella manera estranya, amb la veu ronca i els ulls que li sortien de les òrbites.

—No li va perdonar allò del fill... Va ser la gota que va fer vessar el got...

—Quin fill? —vaig preguntar, amb un fil de veu.

—No és fill seu! —va anunciar la Consol, fora de si—. L'Ignasi m'ho havia explicat tot. S'entenien ja abans de marxar a Itàlia, i resulta que es van veure fins i tot mentre era fora... Van quedar a Venècia, i allà la va prenyar. L'Ignasi va prenyar-la a ella i a la italiana gairebé al mateix temps! En Pau ho va saber més tard i va decidir matar-lo!

La Consol desvariejava. Tota ella s'havia posat tensa, respirava feixugament i gairebé no se l'entenia. Estava sobreexcitada i la part superior del seu cos em va fer pensar en un cep de vinya que es recargola des de la base. Vaig incorporar-me per donar la veu d'alarma a les infermeres, que ja havien estat avisades per algun avi veí i arribaven de pressa. Em vaig apartar perquè poguessin treballar sense entrebancs. Mentre una provava de subjectar-la, una altra li buscava una vena al braç i li clavava una xeringa que devia contenir un calmant. La infermera em va dirigir una mirada reprovadora mentre premia l'èmbol amb l'índex.

—El va matar ell! —xisclava la Consol amb la veu estrafeta, retorçant-se a la cadira de rodes, que grinyolava i es bellugava frenètica amb les sacsejades—. Ell ha portat la desgràcia a la nostra família! Ell m'ha tancat aquí i m'ha privat de la llibertat i de la paraula! És un dement perillós que no pararà fins a arruïnar-nos la vida!

—Ves-te'n, per l'amor de Déu! —em va ordenar finalment la infermera mentre ajudava la seva companya a sostenir el cos desmanegat de la Consol i esperaven l'efecte del calmant—. Em pensava que el senyor Pau et devia haver explicat l'estat de la seva mare!

Em va semblar que la resta dels interns em miraven de la mateixa manera que ho feia la infermera, reprovant la meva actitud i la meva presència en aquella rotllana que abans d'arribar jo era perfecta i que s'havia deformat des que la dona havia començat a patir un atac brutal d'angoixa o d'esquizofrènia.

Vaig caminar de recules sense apartar els ulls de la Consol Guillamet, que es recargolava amb una força inaudita entre els braços de les seves cuidadores.

Vaig haver de seure en una butaca abans de sortir al carrer. No em podia creure el que havia passat dins de la sala, i no parava d'escoltar les sentències esfereïdores que aquella dona havia deixat anar. Tota jo tremolava, blanca com el paper, i se m'havia posat la pell de gallina. La recepcionista va sortir de darrere el taulell i em va portar un got d'aigua.

—Jo també pensava que el senyor Pau t'hauria advertit de l'estat en què es troba la Consol. Ell mateix m'havia parlat de tu, i que us havíeu tornat a veure. Per això estava segura que venies avisada.

—No en sabia res. No li he dit a en Pau que vindria...

—Doncs ho hauries d'haver fet —va dir, pesarosa però sense renyar-me—. Li passarà, no pateixis. El senyor Pau dosifica també les visites, i quan intueix un esclat de crisi, se'n va de seguida. Nosaltres sabem com calmar la Consol. És la nostra feina.

Vaig anar caminant fins al metro com una somnàmbula. Les persones que passaven pel carrer amb roba d'estiu i que durant el trajecte en metro m'havien transmès pau i alegria de viure, ara m'amenaçaven i em feien sentir diferent i ridícula. Em sentia menystinguda quan no em miraven si em venien de cara; em jutjaven i m'acusaven com els avis de la residència quan els seus ulls riallers em repassaven de dalt a baix i jo no podia reaccionar, perquè em sentia perduda i cohibida. Jo no era com ells, com la resta del món. A mi m'havien enganyat: m'havien permès viure en una societat plàcida, civilitzada, intel·lectual; m'havien fet créixer envoltada de persones amables, intel·ligents i creatives. M'havien educat en un paradís de llibertat i independència per després abocar-me al submon de misèria del qual ara era impossible fugir.

M'havien condemnat a transitar per una via obscura que no era la dels altres. Com si als carrers hi hagués traçada una línia per la qual jo avançava. Un túnel transparent de vidre m'aïllava del tarannà dels altres. Els podia veure, i escoltar com reien, com parlaven a crits, com prenien cervesa a les terrasses, com encenien cigarrets, com es pintaven els llavis, com obrien, despreocupats, els seus diaris, com feien botar pilotes de goma. Com la prudència els feia aturar-se als semàfors. Veia com esperaven, suats i ventant-se, a les parades del bus, com llepaven gelats, com mastegaven xiclets, com taral·lejaven les cançons que escoltaven a través dels auriculars. Quants d'ells, em preguntava, em podien veure? Quants podien percebre el meu desconcert? Quants podien sentir una mica de pietat per la meva desgràcia? Cap ni un. Jo estava sola.

Sola amb una paralítica dement que vomitava atrocitats contra el seu fill i xisclava que era un assassí, que havia matat el seu germà per robar-li els calés de la meva venda. Els pares em van comprar? Van pagar diners per adquirir-me, com si fos un electrodomèstic o un pernil? L'Ignasi Llòria em va treure de Nàpols i em va portar a Barcelona per vendre'm? En Pau va matar el seu germà per robar-li els diners que el pintor i la seva dona haurien pagat per comprar-me com si fos un camell? Era això el que la mare no volia que sentís per boca de la Consol Guillamet? Era aquesta la causa per la qual la Liz Steiner no m'havia deixat llegir l'informe de les sessions al seu despatx?

Per què es volia fer perdonar, en Pau? Per què em demanava una segona oportunitat? Perquè se sentia culpable d'haver matat el meu pare amb la intenció de robar-li els calés que jo havia costat? Al món en el qual m'havien abocat, tot era putrefacte, farcit d'un dolor i una misèria tan foscos i pudents com la merda. Un immens llac de brutícia dins del qual se suposava que jo havia de surar. Com dimonis es pot nedar en un llac de merda? Com dimonis se suposa que t'ho has de fer per no ofegar-t'hi? Quina malaltia patia l'Ignasi? Per què la seva mare s'havia referit a la seva greu malaltia?

Era també veritat o només l'al·lucinació d'una vella boja que jo tingués un germà? El ferotge Raül a qui en Pau s'havia referit sovint, aquell fill poca-solta a qui no estimava i que el maltractava, era el meu germà? No estava sola, doncs, provant de bracejar en el llac d'immundícia?

Va sonar el mòbil. Era l'Abel. «Hola, amor», em va dir. «Ja ets a Sant Salvador?»

—Pots venir? Necessito ajuda.

—On ets? Què ha passat? —es va alarmar.

—Soc a la vora d'una parada de metro. Singuerlín, línia 9. Porta el bloc i el llapis, Abel. Vull que em retratis surant en un llac de merda.

—Què collons passa, Emma?

Vaig dir-li que l'esperaria asseguda en un bar que hi havia allà al costat. Mentre no arribava, llegiria els folis que m'havia escrit en Pau Llòria davant d'un Nestea gelat.

L'Emma en un mar de merda. Si més no, l'Abel em podria tornar a la terra en un dibuix.

4

Estimada Alba:

No m'has comentat res de la llarguíssima carta que et vaig enviar per correu electrònic. Les cartes doloroses, penso, s'han de llegir (i entomar) igual que les que comuniquen bones notícies. La vida que hem de viure, enyorada Alba, és una xarxa de fils trenats, alguns de forts, resistents i protectors, i d'altres febles i trencadissos, tots ells en combinació, de tal manera que sense uns no se sostindrien els altres.

M'han trucat ara mateix de la residència on viu la teva àvia Consol. Et confesso que si no hagués rebut aquesta trucada segurament no t'escriuria un cop més sense rebre abans un missatge teu. Però la situació m'obliga a fer-ho, i de seguida, abans i tot de rumiar l'opció de dutxar-me (no he sortit de casa des del dia que va marxar en Raül), vestir-me i anar a Santa Coloma a visitar-la.

Evidentment, no sabia (com d'altra banda no sé tantes coses de tu) que tinguessis la intenció d'anar-la a veure. No és un retret. Simplement em dol no haver-te posat en antecedents i explicar-te l'estat mental en què es troba. Te n'he parlat sovint, d'ella, però sempre referint-me a l'època en què estava bé, i ara és massa tard i les advertències que t'hauria pogut fer ja no serveixen de res. Imagino el teu desconcert, i em sap greu que t'hagi trasbalsat tant la visita. No dubto de les teves bones intencions i propòsits a l'hora de voler parlar-hi, però has de reconèixer que si jo hagués tingut temps d'explicar-te com es trobava, tot hauria resultat menys traumàtic. És el problema de sempre, Alba: vas a la teva, no vols escoltar-me ni deixar-te aconsellar. Tens la dèria d'avançar sola i sense guia en un món antic i malalt del qual vas sortir, però no hi estàs avesada.

La mare pateix demència senil. La vaig haver d'internar quan la situació va ser insostenible. Mort el marit i desaparegut el seu fill més estimat, l'àvia va iniciar un procés de desconnexió amb el món real que l'ha conduïda on és ara: viu (perquè el cor li batega, respira, parla i s'alimenta) perduda i invàlida en un univers tenebrós on s'hi passegen, com fantasmes, les tragèdies que han marcat la seva vida. Estic convençut que no la va sorprendre la teva visita inesperada, perquè tu ets un dels personatges amb qui conviu en el caos dolorós de la seva ment devastada.

Les infermeres m'han informat dels desvaris que van sortir de la seva boca mentre intentaven apaivagar-la injectant-li un calmant en vena. Res fora d'allò habitual. Sempre els mateixos temes, les mateixes pors, idèntics laments. Que jo soc un assassí, que vull carregar-me tota la humanitat. Que vaig matar el meu germà per robar-li els diners i que també la mataré a ella quan menys s'ho esperi. Res de nou. Et torno a dir que em sap greu que ho hagis viscut en primera persona sense estar-ne informada.

M'agradaria que després de tot el que ha passat avui sentissis la necessitat de tornar a mi. Però intueixo que no ho faràs. Al contrari, estic segur que t'allunyaràs més encara i que trigaràs temps a voler restablir el contacte. Sospito que t'has espantat de debò i que opines que és millor no capbussar-te en aquest oceà de desgràcia i terror que és la nostra família. Ho entenc. Em poso en el teu lloc i me'n faig càrrec, Alba. Però insisteixo en el símil del drap trenat de fils que he escrit abans: no podràs descargolar-lo i airejar-lo si no l'obres del tot, si no permets que es mostri tal com és, les parts lluminoses i les fosques, i el facis onejar amb força movent els braços per treure-li la pols dels anys.

És per això que penso que avui tampoc no obtindré resposta i que hauré d'esperar malauradament un munt d'anys (una altra vegada) per fer-me perdonar. I no sé si disposo d'aquest temps que em reclames: la meva salut ja saps que no és bona, i els meus problemes psíquics em juguen males passades cada cop més sovint. T'ho acabo d'anunciar: el meu comportament asocial s'ha accentuat des que va marxar en Raül. No tinc recursos, Alba. Un tel s'imposa entre la realitat i jo mateix, i no sé activar els dispositius que ens farien compatibles.

Potser l'àvia t'ha explicat que en Raül és el teu germà, fill de l'Ignasi. Si no t'ho ha dit ella, t'ho dic jo ara: és cert. Tens un germà, Alba. És d'aquestes qüestions que se'm fa dur explicar-te, però és inevitable fer-ho. La meva dona i el meu germà s'entenien. La Irene, pobra il·lusa, creia que l'Ignasi se n'havia anat a Nàpols per no destrossar el nostre matrimoni. Es creia la protagonista d'un inexistent acte heroic del meu germà, pobra idiota. Ell se'n va anar perquè li devia sortir un negoci brut dels seus i no pas per no interferir en la nostra convivència marital. A l'un i a l'altra els devia importar tres raves la meva sensibilitat, el meu amor propi i el dels meus pares. Els importava una merda la nostra vida i ens van fer tot el mal de què van ser capaços.

Jo no ho vaig saber, és clar. Jo era un cec que vivia content i enganyat. Més endavant, quan l'Ignasi va tornar amb tu d'Itàlia i la meva relació amb la Irene se n'anava en orris, em va confessar que el nostre fill Raül era en realitat fill de l'Ignasi. Que s'havien vist més d'un cop durant el seu exili voluntari i que l'havia prenyada en una d'aquelles trobades. Ho van fer amb traïdoria. Tot coincidia: les dates, el moment que es va quedar prenyada, la semblança brutal entre el meu fill i el meu germà... Em causa un dolor terrible parlar-ne encara que hagin passat tants anys... Aquella traïció bestial va ser el punt d'inflexió en la nostra vida, Alba. Els pares ho van saber, és clar. La Irene em va abandonar, i l'Ignasi se n'havia despreocupat des del primer moment, molt en el seu estil. El meu fill no n'ha sabut res fins ara. He tingut la sort que no tenia memòria del seu hipotètic oncle, només l'havia vist en fotos, però t'espantaria veure com s'assemblen, Alba. Són fets de la mateixa pasta. Quan veig com raona en Raül i testimonio la seva manca d'escrúpols, la seva poca empatia amb els problemes dels altres, és com si tingués l'Ignasi al davant. No puc evitar odiar-lo, i de la mateixa manera penso que ell ens odia a tots, a mi, la seva mare, la seva àvia... He de reconèixer que l'educació i estima que li hem donat nosaltres, la seva família, no han sigut suficients. Que ens hem equivocat com en tantes altres coses. Hem ajudat a concebre un monstre, Alba. Per res del món desitjaria que es creués en la teva vida. Si això passa algun dia, m'agradaria saber que seràs prou valenta i decidida per evitar-lo.

Tot es va esfondrar al meu voltant. Vaig deixar de ser qui era per convertir-me en la deixalla humana que soc avui. L'Ignasi m'havia robat l'adolescència i la joventut. M'havia robat l'amor de la meva mare. M'havia robat un munt de calés. Havia sacrificat la meva vida i la meva reputació per ell, i al final em robava allò pel qual jo més havia lluitat: la meva dona i el meu fill. Quina impotència, Alba.

M'atreviré a narrar-te com va ser el darrer cop que el vaig veure. I ho faré per dos motius: perquè estic, ara mateix, molt baix de moral, i perquè estic segur que la teva absència tornarà a ser llarga. Volia guanyar-me la teva confiança. Volia conquerir l'únic personatge sa i guaridor d'aquesta trista història. La teva innocència, el teu candor. L'única que no és culpable de res i que no ha comès cap errada. L'única, per tant, que ens pot redimir. No l'he guanyada, ho sé. Però confessant-te el que t'explicaré ara tampoc no perdré res, perquè ja ho he perdut tot.

Tu ja havies marxat amb la teva nova família. La meva convivència amb la Irene era gairebé inexistent.

Començava a ser el Pau que soc ara quan l'Ignasi em va trucar per dir-me que tenia un problema amb el compte bancari on els teus pares havien efectuat la transferència dels diners. Això tampoc no sé si ells t'ho han explicat mai: van pagar una gran suma de calés per tenir-te. L'Ignasi et va vendre, per dir-ho ras i curt. Sé que et doldrà sentir-ho. Ell estava disposat a agilitzar les gestions de l'acollida i la possibilitat de la posterior adopció si rebia una quantitat molt generosa del pintor i la seva dona. Amb aquesta transacció, tot aniria de pressa, no hi hauria intermediaris ni problemes i es podien aplicar subterfugis legals.

El pintor va exigir que la transferència d'aquella milionada es fes en el compte que estava a nom dels dos, de l'Ignasi i meu. Quan va arribar de Nàpols i va dir-nos que tenia intenció de començar una nova vida, vam acordar que obriríem un compte corrent a nom de tots dos, de l'assenyat i del salvatge, de manera que jo tingués accés a les seves despeses, que les pogués controlar i que fes de supervisor. L'Ignasi hi va estar d'acord. De fet, va aplaudir la iniciativa. «Tot sigui pel meu bé», insistia. En aquell compte ingressava els calés que li donaven els pares, i també el sou que rebia a la feina de conserge que li vaig proporcionar. Jo havia d'estar al cas dels diners que treia i de les irregularitats en els moviments de la llibreta. Quan l'Ignasi va acordar amb els teus pares una remuneració econòmica per a la teva cessió, es va esforçar a fer versemblants i convincents totes les passes de l'operació. Els va dir que el seu germà, un home de bona reputació i que treballava en una empresa important en el camp de la informàtica, el tutoritzava a nivell econòmic, i em va pintar com el guardià de la responsabilitat i la decència. Els va dir que teníem un compte que compartíem en una entitat de confiança, i que jo mateix controlaria que els diners, com ell els havia assegurat, servirien per finançar el seu procés de desintoxicació i per engegar després un petit negoci que s'hauria de convertir en la seva font d'ingressos. Al pintor i a la seva dona els va tranquil·litzar l'existència de la meva persona i allò que representava en la vida d'aquell drogoaddicte turmentat. «Aquesta és la figura que hauria d'haver assumit jo en la vida del meu germà», va arribar a dir el pintor. Ja et vaig explicar que va ser a través d'aquest germà que el pintor s'havia posat en contacte amb tu i l'Ignasi.

La transferència, doncs, es va fer en el compte que teníem plegats. I resultava que ara l'Ignasi en volia treure una quantitat astronòmica, i els del banc el van advertir que aquella operació només es podia realitzar si comptava amb l'aprovació i la signatura de l'altre titular del compte. En primer lloc li vaig demanar per què coi volia treure tants diners, que per què els necessitava. Ell em va dir que no n'havia de fer res; que els calés eren seus i que en volia disposar pel que li donés la gana i que jo no era ningú per impedir-ho. Els de la sucursal li havien donat un imprès que jo havia de signar i em va citar aquella tarda per enllestir-ho.

Però jo no pensava signar cap paper. Al germà assenyat li tocaria, un cop més, deixar anar un discurs al germà díscol, i a continuació s'esdevindria una esbroncada i una discussió com ja era habitual. Potser arribaríem a les mans, com també havia passat més d'una vegada. Aleshores el germà assenyat deixaria l'altre per impossible i marxaria enmig de crits i retrets. I l'endemà rebria una trucada de la mare que li diria que tenia el seu germà a casa, fet pols, penedit i desitjant fer-li una abraçada fraternal, i aleshores ell hi acudiria i la mare li faria veure que l'Ignasi necessitava realment els diners per redreçar la seva vida, per ingressar en un centre, o per pagar un deute urgent, qualsevol excusa; i el germà assenyat claudicaria perquè no tenia ganes de lluitar contra una conxorxa familiar aviciada. Tota la meva existència s'havia complicat barroerament durant les últimes setmanes i la cosa que menys em convenia era posar-me en conflictes que no duien enlloc.

Vaig quedar amb l'Ignasi al seu pis d'Horta. Estava tan desmillorat, Alba. Encara no sabia res del seu possible contagi del virus de la sida i vaig suposar que la causant dels estralls que l'addicció provocava en el seu cos era la droga. Des que tu te n'havies anat un parell de mesos abans, l'Ignasi estava fora de control. No semblava ell, t'ho asseguro. «Germanet meu», em va saludar. No em vaig treure ni l'abric. Em va precedir fins a la sala. Damunt de la taula només hi havia l'imprès del banc. Li vaig dir que no el signaria i que volia saber la veritat. «Per què necessites els calés?», li vaig preguntar. Ell va seure en una cadira i va simular que es desmuntava, les mans al cap i plorant com ho faria un nen desvalgut. «M'he fotut en un bon embolic, germanet.» Entre sanglots va admetre (o potser inventar) que s'havia ficat de peus a la galleda traint uns col·legues en un negoci brut. «Ja saps com soc, germanet, i la mala sort que tinc... Soc un cas perdut. No canviaré mai. I aquest cop m'hi va la vida.» Devia molts diners al cap pel qual havia fet un «treballet» i assegurava que si no pagava la quantitat pactada el pelarien. «No tinc escapatòria.»

Em vaig mostrar fred i distant, com si allò que m'explicava no m'afectés. Al cap d'uns minuts l'Ignasi va perdre la paciència i va deixar de fer comèdia. Em va exigir que firmés, que els calés eren seus, que ell se'ls havia guanyat. «Venent la teva pròpia filla», vaig precisar jo. Ell em va tirar per cara que va ser la millor opció per donar-te una bona vida, Alba; va al·legar que ell no estava capacitat per educar-te. «Tu vas tenir l'oportunitat de quedar-te-la i no la vas aprofitar», em va etzibar, furiós. «Va ser la meva dona, que s'hi va negar», li vaig rebatre. I aleshores l'Ignasi em va clavar una mirada ferotge. «I no t'has preguntat mai per què la Irene no ha volgut la nena?» «No t'has adonat que les raons econòmiques eren una excusa? Tan cec has sigut i ets encara, germanet?» Va fer que no amb el cap i va dir que no volia aprofundir en el tema. Em va tornar a exigir que signés el paper i que, pel meu bé, no fes preguntes ni li estirés la llengua. «Què has volgut dir? Què significa que la Irene va donar una excusa?»

Impotent davant la situació i ben segur atordit per l'efecte de les drogues o l'alcohol que havia ingerit, l'Ignasi ho va deixar anar sense embuts: la Irene no et volia perquè en Raül era en realitat el teu germà. La Irene se sentia incapaç d'assumir la situació emocional que se li plantejava: haver d'adoptar una nena que, en realitat era germana del seu propi fill. Li havia confessat a l'Ignasi que, si ho feia, es tornaria boja.

L'hi vaig fer repetir. «Què coi t'empatolles, desgraciat?» L'Ignasi ja no pensava en el paper que, com un testimoni mut, reposava damunt de la taula. «Parla amb la teva ex, germanet. Ella t'ho explicarà tot.»

Ara no ve al cas tot allò que va provocar aquella revelació. La confessió posterior i definitiva de la Irene, per exemple, quan vaig forçar-la que m'ho expliqués. La terrible crisi que va suposar descobrir que la meva mare ho sabia, perquè l'Ignasi l'hi havia confessat (només a ella, no al pare), i el seu silenci pactat. La seva complicitat amb aquell parell de traïdors... Quina impotència, Alba.

Després de la revelació de l'Ignasi, i per primera vegada, em vaig veure a mi mateix a través dels seus ulls. Jo era allà, en aquell pis desballestat. M'havia hagut de seure en una cadira, amb l'abric posat, i el cos m'havia perdut tota la força. Aquesta imatge de feblesa, que ha sigut la que sempre més m'ha definit, és la que devia observar l'Ignasi aquella tarda. Un home impotent, humiliat, covard, inerme. Un fracassat. Un home rendit, aniquilat. La mesquinesa de l'Ignasi havia crescut desmesuradament al mateix temps que jo minvava fins a gairebé desaparèixer. Va ser una sensació ben estranya, Alba, que encara recordo com si la tornés a viure. Ell allà dret, al meu costat, i jo assegut, amb un braç damunt de la taula on hi havia el paper del banc. La seva malaltia, la seva addicció, la seva maldat magnificades amb un halo com aquell amb què representen els sants; i al seu costat jo, la sensatesa, la bona voluntat, la paciència i l'esforç d'un bon fill empetitit fins a adoptar la grandària d'un escarabat. Si hi havia hagut cap batalla, l'havia guanyat ell, sens dubte.

Tot va anar molt de pressa. Vaig sentir una pressió molt forta al pit. Després una sensació d'ofec, de no poder respirar. Obria la boca de bat a bat però no hi entrava l'aire. La sensació va arribar acompanyada d'un tremolor estrany i d'una suor freda. Va ser el primer atac important que vaig patir. Com saps, ni de bon tros va ser l'últim. L'Ignasi es va quedar quiet, observant-me. No sé si en algun moment va canviar l'expressió del seu rostre, però el que sí recordo és que no va moure ni un sol múscul. Vaig caure de la cadira mentre provava de descordar-me els botons del coll de la camisa. La gelor de les rajoles a la galta em van procurar un mínim alleujament mentre m'esforçava a demanar ajuda al meu germà. Però ell no va fer res per mi, Alba. Va estar expectant per veure si em moria.

No sé quanta estona va passar fins que, de mica en mica, em vaig refer. «No estàs bé, germanet. Fes-t'ho mirar», es va limitar a dir-me. De cop estava molt nerviós i vaig reconèixer senyals inequívocs de la necessitat que tenia d'ingerir droga. «Ara has de signar el paper i marxar, germanet. Tinc coses a fer. Demà he d'estar serè per anar a treure els diners i pagar a aquells que me'ls reclamen.» Jo, encara atordit, vaig prendre una decisió.

Em vaig posar dret i vaig avançar fent tentines fins a la taula. Vaig treure un boli que duia a la butxaca interior de l'americana, i vaig signar el paper del banc. Li vaig preguntar on havia de lliurar els diners l'endemà. Ell va dir que l'havien citat en un barri marginal del Prat de Llobregat. «Hi aniràs sol? M'estimaria més acompanyar-t'hi. No vull que corris per llocs perillosos amb els calés a sobre.» L'Ignasi va dir que havien quedat al migdia, que jo seria a la feina. «Demanaré el dia lliure», li vaig dir. «A quina hora vols que sigui aquí?»

Vaig sortir del pis sense acomiadar-me. Incapaç de conduir, em vaig estimar més agafar un taxi. L'endemà, després de dormir unes quantes hores, vaig trucar a l'oficina per anunciar que em trobava malament i que no aniria a treballar.

A les onze vaig arribar en taxi a casa de l'Ignasi. A la llum del dia encara eren més evidents els signes de decadència tant en el seu cos com al seu pis. Aquell jove atractiu i una mica pinxo que era el meu germà de jove s'havia convertit en un espantall que deambulava com un zombi per un pis que pudia a resclosit i a menjar fet malbé. Li vaig demanar si havia anat a treure els diners del banc i ell va assentir i es va donar uns copets a la butxaca de la caçadora que duia.

Vam caminar fins al meu cotxe, que havia passat la nit aparcat al seu barri. Mentre conduïa seguint les imprecises instruccions que em donava, l'Ignasi em va dir que li sabia greu el que havia passat amb la Irene, però que pensava que ho havia de saber. «Sé que no m'he comportat mai bé amb tu, germanet. Reconec que això del nen és molt gros. La Irene va assegurar-me que no t'ho diria mai i que seria el vostre fill, que us l'estimaríeu i li donaríeu una bona educació. Que tindria una família. Potser no t'havia d'haver dit res ahir, però ja saps que no estic bé. No em puc controlar. Després de pagar el meu deute, et prometo que ingressaré en un centre i aquest cop serà definitiu.» Jo no intervenia ni interrompia les seves justificacions falses i inútils. «Si et dic la veritat, m'alegra que ja no estigueu junts. La Irene i tu, vull dir. No et convenia, germanet. Ella és d'una altra manera. Ella pujarà el nen, ja ho veuràs. Jo he de tenir cura de mi abans de poder tenir cura dels altres. La mare sempre ho diu, i té raó.»

Vam sortir de l'autovia C-31 a l'altura del Prat i vam agafar una carretera secundària que travessava una mena de zona industrial que semblava abandonada, amb uns hangars enormes mig enrunats i envoltats de reixes rovellades. «Canviaré, germanet, ja ho veuràs. Faré tot el possible per recuperar la teva confiança i guanyaré diners de forma honesta per mantenir econòmicament aquests nens que he engendrat. Et prometo que ho aconseguiré. Et tornaràs a sentir orgullós de mi, germanet.»

Al final d'aquella barriada hi havia una mena de casalot abandonat. L'Ignasi va indicar que aturés el cotxe i va fer una trucada breu amb el mòbil. Va dir que ja havia arribat i després «Ok, espero». Em va dir que anirien a buscar-lo. «Moltes gràcies per acompanyar-me, germanet. Ara ves-te'n. A partir d'avui començaré una nova vida.» Quan es disposava a obrir la porta del cotxe, el vaig aturar amb el braç. «Espera, Ignasi. Et vull preguntar una cosa», vaig dir. I mentre es tornava a acomodar al seient del copilot vaig treure el drap amarat de cloroform que havia dut dins d'una bossa de plàstic a la butxaca de l'abric, i l'hi vaig estampar a la cara. Em mirava amb els ulls desorbitats mentre jo li premia amb violència el drap contra el nas i la boca. Va provar de defensar-se movent els braços i les cames, però l'anestèsic va fer efecte de seguida. Al cap de deu segons, l'Ignasi havia deixat d'espeternegar i seia inconscient al meu costat.

Vaig buscar el sobre dels diners a la butxaca de la seva

caçadora. Vaig treure els bitllets i vaig tornar a ficar-hi el sobre buit. Després vaig sortir del cotxe, vaig obrir la porta del seient que ell ocupava, el vaig treure a pes i el vaig arrossegar fins a la porta d'aquella construcció abandonada. A continuació vaig pujar al vehicle i me'n vaig anar a tota velocitat.

La darrera imatge que tinc del teu pare biològic és a través del mirall retrovisor. No vam saber res més d'ell. Mai, ni ell ni ningú es va posar en contacte amb nosaltres. Durant mesos, fins i tot anys, cada dia em llevava amb la por que l'Ignasi tornés. Aquest terror convivia amb els remordiments per l'acció que havia comès. Havia deixat l'Ignasi en mans dels seus perseguidors sense els diners que els havia de lliurar per continuar amb vida.

Mai no s'ha trobat cap cos. Potser el van salvar, i l'Ignasi es va curar i va decidir fugir i no tornar més. Potser va començar una nova vida, com li agradava pensar a la mare quan encara estava bé del cap. Però sé que això no és possible.

No sé com ni on va morir, però el teu pare és mort. Si hagués sobreviscut, hauria tornat per turmentar-nos, com havia fet sempre.

No he tocat mai els calés. Els vaig dipositar en un compte corrent a nom nostre, Alba. Teu i meu. Aquella morterada d'euros està a la teva disposició per quan els necessitis. No sé com aniran les coses a partir d'ara ni si me'n sortiré tot sol. No t'amoïnis: sigui com sigui o passi el que passi, et faré arribar el número de compte. Ja he fet les gestions per posar-lo al teu nom actual.

Ja et vaig anunciar el dia de la nostra retrobada que tenia moltes coses per fer-me perdonar, Alba.

5 (0)

En Víctor estava eufòric quan vam sortir de casa i no parava de dir que aquells dinou anys que encetava serien la millor edat de la seva vida, i que volia celebrar-ho amb una nit memorable. L'Ona li va estampar un petó sorollós a la galta.

—Per molts anys i que els teus desitjos es facin realitat! —va exclamar—. Anem a rebentar Barcelona!

Mentre recollíem les restes del sopar i l'Emma i el Jordi passaven l'escombra pel menjador, en Víctor em va confessar que estava orgullós dels seus amics i que no ens volia perdre mai. Havia begut més del compte i havia ballat com un boig després de bufar les espelmes del patís.

—Us agraeixo que avui sigueu aquí, Abel. Sou collonuts i us estimo una passada, tio!

Vam agafar dos taxis que ens van deixar a la part baixa de la Rambla. En Jordi i l'Emma proposaven fer una copa en un bar abans d'anar a ballar, però en Víctor apostava per entrar directament a la discoteca. Va insistir perquè ens féssim una selfie amb el seu mòbil davant de Les Enfants. Ens vam abraçar i vam somriure exageradament fins que el flaix es va disparar.

En Víctor va anar de seguida cap a la pista:

—Avui no puc parar, tios! Avui ho donaré tot!

L'Ona el va acompanyar mentre la resta ens acostàvem a una de les barres. Li vaig preguntar a l'Emma què volia beure, perquè estava decidit a convidar-la.

—I això a què ve? —em va preguntar, entre divertida i intrigada.

—Jo què sé. Em surt del cor. —Ella em va observar tirant el cap enrere, amb suspicàcia, com fa sempre que alguna cosa no encaixa en el seu cervell superregulat.— No em miris així, dona! Et vull convidar i prou.

Va fer que no amb el cap sense deixar de somriure i va dir «Ok. Gintònic». Malgrat la conversa a crits, perquè el volum de la música impedia parlar normalment, cap dels altres es van adonar del meu oferiment ni de la seva acceptació.

Feia dies que no em treia del cap la idea de reprendre la nostra relació, i l'aniversari d'en Víctor em semblava una ocasió oportuna que no volia deixar escapar. Havia sigut amable i atent amb ella des que havíem arribat a casa del nostre amic, però tots els intents havien resultat infructuosos: o bé no m'ho treballava prou i ella no s'adonava de les meves intencions, o bé defugia a posta i amb traïdoria el meu galanteig. Des que ho havíem deixat córrer, feia ja un any i mig, mai no havíem parlat ni dels motius de la separació ni de la possibilitat de tornar-hi.

Jo l'havia estimat molt, l'Emma, i havia descobert que l'enyorava amb la mateixa intensitat. Deixar-ho va ser un alliberament, ho reconec, però de seguida la vaig trobar a faltar. Era tot allò que jo no havia sigut mai: contumaç, organitzada, controladora, eficient. Una persona segura d'ella mateixa i que tocava de peus a terra. L'Emma tenia les coses clares i lluitava per assolir els objectius que es proposava. No havíem fet mai l'amor durant la temporada que vam estar junts. Ella ho tenia molt clar. «Vull estimar quan estigui convençuda que la persona es mereix l'amor que li puc oferir», em va dir un dia que les carícies, els petons i els tocaments semblava que ens portarien, per fi, a un primer episodi de sexe complet. «No vull anar de pressa i perdre el control», era la seva frase emblemàtica.

Després de l'Emma, vaig conèixer un parell de noies. Amb una d'elles, una que va passar fugaçment per la colla i era companya de la uni d'en Jordi, fins i tot hi vaig arribar a sortir.

L'Emma va ser testimoni dels meus avenços amb la Glòria, i un cop que tornàvem de marxa en vam estar parlant. L'Emma era la meva amiga i confident, i li vaig demanar el seu parer. «No us veig futur», es va limitar a anunciar aquella matinada, «però amb aquestes coses mai se sap».

Un dia, a la facultat, en el crèdit de pintura, els profes de taller ens havien donat indicacions per fer un autoretrat: havia de ser un retrat nostre, sí, però no només físic. No es tractava només de reproduir els nostres trets, aquells que vèiem al mirall que cada alumne s'havia plantat davant del cavallet, sinó que s'havia d'anar més enllà i incloure-hi també el que érem, el que ens havia marcat, la nostra història particular, la nostra família. Tot força abstracte, però molt suggeridor. Vaig fer una foto amb el mòbil quan el tenia mig acabat i el vaig mostrar als de la colla en una trobada de cap de setmana. Recordo com es van agrupar tots al voltant del telèfon i l'Ona va ser la primera a opinar que aquella cara que havia pintat no era ben bé la meva. «Sembla una tia. Tu no ets tan femení», havia afegit. I aleshores tots van anar dient la seva fins que la Susanna va suggerir que s'assemblava a l'Emma, i tothom hi va estar d'acord. Ella no va dir res. «Ets tu! És l'Abel amb cara d'Emma!», repetien. Al cap de dos dies vaig rebre un whatsapp seu demanant-me que li enviés la foto del quadre, i ho vaig fer. Aquells dies em vaig començar a deixar una mica de barba, i abans d'acabar la pintura vaig afegir pèls al retrat. Un cop enllestit, li vaig enviar a l'Emma una altra foto. «M'has posat barba», va escriure com a resposta.

Aquella nit a Les Enfants vaig decidir que li diria el que sentia. La contemplava bevent-se el gintònic, dreta al costat de la barra, sense animar-se a sortir a la pista com ja havien fet l'Ona i en Jordi. En Víctor, eufòric, semblava rondar, amb una insistència afavorida per l'alcohol, una noia que es movia de la barra a la pista amb nerviosisme i sense aturador. Tots estàvem contents i relaxats i ensumàvem que s'acostava l'estiu, i quan l'Emma va alçar el got i em va dedicar un brindis vaig decidir que ara o mai, i ja aixecava el cul del tamboret i m'escurava la gola quan dos tios s'hi van acostar. No els coneixíem, una mica xulos, d'aquests que s'abracen amb camaraderia i que sembla que no puguin fer res l'un sense l'altre. Els seus cossos es van interposar entre l'Emma i jo mentre m'incorporava.

Vaig tornar a seure. Amb la música tan alta no podia sentir què li deien, però en tot cas devia ser una xerrameca divertida, perquè l'Emma reia a cor què vols, i fer riure l'Emma no és gens fàcil. Els nanos es comportaven com un duet còmic, ara parlava l'un i ara l'altre, i feien jocs amb les mans entre ells, com les salutacions que es fan els rapers o els jugadors de bàsquet americans. Van anar a ballar tots tres al mig de la pista, i l'Emma semblava encantada amb les habilitats discotequeres que mostraven. Tot d'una, un d'ells va anar cap a la barra, i l'Emma es va quedar sola amb l'altre. El tio, amb discreció però sense perdre el temps, li va posar una mà a l'espatlla, i a continuació la va abraçar per la cintura i li va acostar la cara com si volgués besar-la. L'Emma no parava de riure i corresponia a les seves aproximacions. L'altre va tornar amb tres gots alts i va obsequiar-la amb un segon gintònic. Mal dia he escollit per llançar-m'hi, vaig pensar, i a continuació em vaig girar cap a la Susanna i vam estar parlant uns minuts a crits sobre què faríem durant l'estiu.

Quan vaig tornar a buscar l'Emma amb la mirada, la vaig trobar a la barra amb un dels tios. L'altre havia desaparegut. Em va estranyar comprovar com l'Emma s'havia deixat anar i permetia que li parlés a cau d'orella. Estaven molt junts i el braç del nano li embolcallava la cintura. L'Emma és de les que protesta quan algú se li enganxa massa. «Que circuli l'aire, tio», sol dir. Però estava clar que en aquell racó de Les Enfants no la incomodava gens la proximitat d'aquell noi que la feia riure. De tant en tant, ella recolzava el cap sobre la seva espatlla per poder-lo escoltar millor, però amb una laxitud que vaig qualificar d'extravagant, perquè tenia un component de tendresa i d'intimitat que era sorprenent en la meva amiga. Allà, al costat de la barra i en aquella posició, vaig ser testimoni del petó a la boca que es van fer. Un petó llarg i apassionat que l'Emma, a qui jo tenia de cara, va assaborir amb els ulls tancats. Després es van estar una bona estona ben quiets; ell li agafava la cara amb les dues mans, i els nassos es tocaven, i el tio li xiuxiuejava coses i li feia petons al front de tant en tant. Vaig maleir la meva sort: havia d'haver anat més de pressa, em lamentava.

Em va costar una bona estona aconseguir que la cambrera em servís un segon gintònic, i quan el vaig aconseguir, l'Emma i el noi ja no eren al seu racó. Els vaig buscar amb la mirada i no els vaig veure. Li vaig dir a la Susanna que anava a fer un tomb pel local. L'Emma no era a la pista, ni a les altres barres. No podia ser que se n'hagués anat sense acomiadar-se de nosaltres. En Víctor havia aconseguit apropar-se a la noia nerviosa i tots dos ballaven frenètics al mig de la pista.

Vaig dirigir-me als lavabos. Abans d'arribar-hi vaig descobrir com, recolzats en una paret pintada de negre, l'Emma i la seva conquesta s'estaven morrejant. Palplantat a uns tres metres d'on es besaven, em vaig quedar sense saber què fer. De mica en mica, i malgrat la foscor, em vaig fixar que el rostre de l'Emma no estava tan relaxat com abans. Quan ell va separar la boca de la seva per parlar-li, ella va fer que no amb el cap, i ell va insistir, i ella va tornar a negar. Es van fer un altre petó encara, però de seguida ell va voler dur-la cap a l'interior dels lavabos, i ella s'hi va negar clarament. Ell l'agafava del braç i mirava d'arrossegar-la, però l'Emma s'hi resistia. Quan el tio va insistir per segona vegada mostrant signes evidents de violència, l'Emma li va clavar una empenta i va fugir corrent. Estava tan atabalada que ni tan sols em va veure quan va passar-me a frec.

L'imbècil la va escridassar mentre ella fugia. «Escalfabraguetes», la va anomenar. Vaig sentir llàstima per ell. Com podia un imbècil designar d'aquella manera una noia com l'Emma? Pobre idiota.

—I tu què mires? —em va etzibar.

Ni me n'havia adonat que el tenia davant meu. Era si fa no fa de la meva edat, rossenc, ben plantat però una mica destraler. Havia begut més del compte, se li notava en la brillantor dels ulls. No només estava rabiós, també se'l veia decebut, com si no haver aconseguit els favors sexuals de la seva presa fos un greuge. Com si hagués fallat. Com si ell mateix se'n culpés.

—Què collons mires, tu? —va insistir.

Aleshores vaig fer un pas cap a ell. Instintivament es va posar a la defensiva i fins i tot va doblegar els dos braços disposat a barallar-se.

—Tranqui, tio —li vaig dir—. Només anava a pixar.

Ell va esbufegar, novament decebut, i en aquell moment va arribar el seu col·lega.

—Què passa, Raül? On collons t'havies ficat? I la tia?

El Raül no va contestar. El seu col·lega em va mirar confós, com si jo tingués alguna cosa a veure amb l'estat alterat del seu amic, i de seguida se'n van anar cap a la pista. L'Emma era a la barra, amb la Susanna, l'Ona i en Jordi.

—En Víctor ha lligat. Regal d'aniversari —em va anunciar l'Ona.

Vaig acostar-me a l'Emma, que feia cara d'estupefacció. De seguida en Jordi va dir que ell se n'anava i ens va preguntar què volíem fer nosaltres. L'Ona i la Susanna van dir que també en tenien prou.

—Us quedeu? —ens van preguntar.

—Li dec un gintònic a l'Abel —va dir l'Emma.

Vam estar una estona asseguts amb els gots a la mà. Era impossible conversar amb la música tan alta. En un moment determinat, asseguts en els tamborets, li vaig passar un braç al voltant de les espatlles i ella no va fer el gest d'enretirar-lo.

Després ens vam acomiadar d'en Víctor i la seva amigueta nerviosa, i vam sortir a la nit de Barcelona. Vam fer una llarga passejada a peu fins a casa seva parlant de tot i de res.

Li vaig confessar que l'havia vist morrejant-se amb un tio a Les Enfants.

—Bah. No sé ni com es deia.

—Intueixo, doncs, que no era la persona que vols tenir al costat la resta de la teva vida...

—No, idiota! —va riure—. Per què ho has dit, això?

—És la frase que fas servir tu, no? Que el dia que passi sabràs, sense cap mena de dubte, que davant teu hi haurà l'escollit. No devia ser jo, tampoc, és clar.

L'Emma va fer que no amb el cap i va deixar anar una riallada. No va fer cap comentari a la meva observació. Vaig decidir, però, que esperaria una nova ocasió per fer-li saber que estava disposat a insistir, i que estava segur que jo podia ser aquell a qui buscava.

—Estic molt bé com estic, Abel. Molt haurien de canviar les coses perquè el tema de tenir parella fos una prioritat en la meva vida.

Després de dir això, em va fer un petó a la galta i ens vam posar a caminar molt junts. S'havia establert, de sobte, el grau d'intimitat entre nosaltres que feia un any i mig havia desaparegut.

Les coses podien canviar, és clar. I si ho feien, jo seria al seu costat. Al lloc oportú i al moment oportú.

M'estimava molt l'Emma.